档案中的北京科技之光

BEIJING ARCHIVES SERIES

北京档案史料

2022·1

北京市档案馆 编

新华出版社

图书在版编目（CIP）数据

档案中的北京：科技之光：北京档案史料．2022年．
第1辑/北京市档案馆编．--北京：新华出版社，2022.8
ISBN 978-7-5166-6387-5
Ⅰ．①档… Ⅱ．①北… Ⅲ．
①科学技术-技术史-史料-北京Ⅳ．①N092
中国版本图书馆CIP数据核字（2022）第155299号

档案中的北京：科技之光：北京档案史料．2022年

编　　者：北京市档案馆

出 版 人：匡乐成
责任编辑：沈文娟　　**装帧设计**：多伶平面设计工作室

出版发行：新华出版社
地　　址：北京石景山区京原路8号　　**邮　　编**：100040
网　　址：http：//www.xinhuapub.com
经　　销：新华书店
购书热线：010-63077122　　**中国新闻书店购书热线**：010-63072012

照　　排：北京美天时彩色制作中心
印　　刷：北京市通州兴龙印刷厂

成品尺寸：170mm×240mm
印　　张：18.25　　**字　　数**：211千字
版　　次：2022年9月第一版　　**印　　次**：2022年9月第一次印刷

书　　号：ISBN 978-7-5166-6387-5
定　　价：50.00元

编辑说明

为服务北京科技创新中心建设，北京市档案馆深入挖掘馆藏，以“档案中的北京——科技之光”为主题，编辑出版了本辑《北京档案史料》丛书。本书主要反映了新中国成立初期到20世纪90年代北京市的科技发展历程和取得的成就以及科普工作的成果，包括：20世纪五六十年代北京市科学技术协会的成立及初期工作、北京市农业和工业科技工作，1980年北京市科学技术协会的工作动态，20世纪80年代北京市专利工作、科技体制改革、奖励科技进步，20世纪80–90年代青少年科普工作等方面的史料7组，均为北京市档案馆馆藏档案的首次公布。另收录文章2篇，分别反映了北京市科技创新与改革发展的代表性区域——中关村科学城的发展历程；北京工业大学作为北京市属高校，以其科技成果为首都经济建设和社会发展做出的突出贡献。

为保持历史原貌和方便阅读，所选史料均原文照录，并作必要的编辑加工。所拟标题中单位名称一般采用简称；凡未标明年月日的文件，依文件内容排列顺序。原文中有残损或增补缺漏，用【 】补充；校勘讹脱衍倒，用〔 〕标明；字迹模糊无法辨认，用□代之；删节内容重复或与主题无关部分，均在〈 〉内说明；批语注释，用[ ]括出。

由于编者水平有限，因此在编辑过程中可能存在疏漏之处，考订难免有误，欢迎读者指正。

编　者

2022年6月

目录

5　1959–1964年北京市科学技术协会史料／王海燕选编

61　20世纪60年代初北京市农业和工业科技工作史料／赵力华选编

97　1980年北京市科协工作动态史料／王永芬选编

134　1985年北京市支持鼓励科技进步史料两则／李　泽选编

141　20世纪80年代北京市专利工作史料／王海燕（处长）选编

203　20世纪80年代北京市科技体制改革史料／孙　刚选编

目录

226　20世纪80-90年代北京市青少年科普工作史料
/宋鑫娜选编

258　科创之城——中关村/宋鑫娜

268　服务北京尽初心　创新为国守使命
——北京工业大学科技创新工作纪实
/张彩会、夏海州、李娟

CONTENTS

5 Historical data on Beijing Association for Science and Technology from 1959 to 1964 / selected and edited *by Wang Haiyan*

61 Historical data on science and technology progress in Beijing's agriculture and industry sectors in the early 1960s / selected and edited *by Zhao Lihua*

97 Historical data on work briefings at Beijing Association for Science and Technology in 1980 / selected and edited *by Wang Yongfen*

134 Historical data on Beijing's support and promotion of scientific and technological progress in 1985 / selected and edited *by Li Ze*

141 Historical data on Beijing's remarkable achievements in patent sector in the 1980s / selected and edited *by Wang Haiyan*

203 Historical data on science and technology system reform in Beijing in the 1980s / selected and edited *by Sun Gang*

CONTENTS

226 Historical data on popularization of scientific knowledge among teenagers in Beijing in the 1980s and 1990s / selected and edited *by Song Xinna*

258 Zhongguancun Science Park spearheading high-tech innovation *by Song Xinna*

268 Beijing University of Technology: a hub of scientific and technological innovation / selected and edited *by Zhang Caihui, Xia Haizhou and Li Juan*

前　言

新中国成立后，党和政府十分重视发展科学技术。1949年9月29日，中国人民政治协商会议第一届全体会议通过的《共同纲领》指出："努力发展自然科学，以服务于工业、农业和国防建设。奖励科学发现和发明，普及科学知识。"这为新中国和首都北京的科学技术事业的发展确定了基本宗旨和方针。1950年8月，中华全国第一次自然科学工作者代表会议在北京举行，成立了中华全国自然科学专门学会联合会（简称"全国科联"）和中华全国科学技术普及协会（简称"全国科普"），北京也相继成立了分会，标志着国家和首都的科学技术事业进入一个崭新的历史时期。继而，对旧有的科研机构进行了接管、整顿和改组，并新建了一批部属、市属研究机构和管理机构。

1956年，中共中央在北京召开了关于知识分子问题的会议，发出"向现代化科学进军"的号召。之后，相继成立了国家科学规划委员会和国家技术委员会（简称"两委"），并集中了全国一大批科学家编制成《1956—1967年科学技术发展远景规划纲要（草案）》，明确了科学技术发展的战略任务和目标。1958年，"两委"合并成立国家科学技术委员会（简称"国家科委"），"全国科联""全国科普"合并建立中华人民共和国科学技术协会，北京市也相继组建了科学技术委员会和科学技术协会，进一步加强了对全市科技和科普工作的领导。其间，各产业部门的在京研究机构、北京市的科研机构等陆续成立，北京的科学技术事业进入全面发展时期。在这期间，基础科学和高新技术研究都取得了不少成果。

20 世纪 60 年代末 70 年代初，北京市相继建立了市革委会计划组科技小组、市赶超办公室、市科技局等，广大科技人员和管理干部出于对科技事业的热爱和强烈的责任感，克服重重困难，坚持科研工作，在各个领域取得了一些重大进展。

1978 年 3 月 18 日，全国科学大会在北京召开。邓小平在开幕式的讲话中，重申了 1963 年周恩来总理提出的要实现农业、工业、国防和科学技术现代化，“关键在于实现科学技术现代化”；着重澄清了两个问题：第一，承认科学技术是生产力；第二，承认中国的科学技术队伍是工人阶级的一部分。会上，北京地区有 320 个先进集体、1189 个先进个人和 1340 项重大科技成果受到表彰和奖励，广大科技人员备受鼓舞，迎来了科学的春天。1978 年 12 月，中共十一届三中全会确定了解放思想、实事求是的思想路线，作出了把工作重点转移到社会主义现代化建设上来的战略决策，指出了科学技术应服务于四化建设的方向。其间，先后复建和新建了国家科委、北京市科委等各级科技管理机构；科研机构逐步恢复工作，民营科技机构应运而生；解决历史遗留问题，改善科研条件，建立了正常的科研工作秩序；国家科委、市科委相继编制了《1978—1985 年全国科学技术发展规划纲要(草案)》《1978—1985 年北京市科学技术发展规划纲要》，明确了科技事业发展的目标、方向和任务；围绕解决科技与经济结合的问题，国家和北京市逐步进行科技体制改革。1981 年，改革科研机构的管理和运行机制，试行科研责任制。1986 年，编制了“国家高技术研究发展计划”（简称“863 计划”），1987 年开始实施。同期，先后建立了国家自然科学基金和北京市自然科学基金，并成立了相应的管理机构，旨在加速人才培养，加强和发展基础研究以及应用于高新技术基础研究。1988 年 5 月，经国务院批准，中国第一个新技术产业开发试验区在北京建立，北京市政府陆续颁布了《北京市新技术产业开发试验区暂行条例》等一系列政策法规，为高新技术和高新技术企业的发展提供了有力的保障。这一时期，北京地区基本上形成了人才荟萃、力量雄厚、学科配套、门类齐全、科技交流活跃的科研开发与推广体系，在基础研究、高新技术研究、应用科技研究，以及城市建设、环境保护、医药科技等方面都取得了巨大的成绩。

进入 20 世纪 90 年代之后，世界科技革命出现了新的高潮，科学技术对经济社会发展的推动作用日益凸显，成为决定国家综合国力和国际地位的重要因素。1995 年，中共中央、国务院做出《关于加速科学技术进步的决定》，正式提出科教兴国战略。2006 年，中共中央、国务院作出《关于实施科技规划纲要增强自主创新能力的决定》，提出建设创新型国家的战略目标。北京市紧跟中央战略部署，围绕科技与经济相结合、科技支撑城市建设与管理、自主创新能力提升等方面，积极实践，大胆试验，勇于探索，科技事业取得迅猛发展，科技创新逐步成为首都发展的新动力。

2014 年，习近平总书记在北京考察工作时指出，“要明确城市战略定位，坚持和强化首都全国政治中心、文化中心、国际文化交往中心、科技创新中心的核心功能，深入实施人文北京、科技北京、绿色北京战略，努力把北京建设成为国际一流的和谐宜居之都”，深刻阐述了“建设一个什么样的首都，怎样建设首都”的重大课题，为新时代的首都发展指明了方向。2016 年 9 月，国务院印发《北京加强全国科技创新中心建设总体方案》，指出要统筹规划建设中关村科学城、怀柔科学城、未来科学城，将北京打造为世界知名科学中心。2017 年 2 月，习近平总书记视察北京时，再次明确北京“四个中心”的城市战略定位，强调北京最大的优势在科技和人才，要以建设具有全球影响力的科技创新中心为引领，抓好“三城一区”建设，努力打造北京经济发展新高地。2022 年，人工智能、大数据、区块链、量子通信等新兴技术加快应用，培育了智能终端、远程医疗、在线教育等新产品、新业态；数据显示，北京技术交易合同额中，有 70% 输出到外地，充分发挥了中心辐射带动示范作用。科技之光，点亮未来，北京在科学技术各个领域的蓬勃发展，不仅为这座历史悠久的文化古都提供了经济社会发展的强有力支撑，而且对全国的科技创新发展起到了引领作用，其国际影响力也日益提升。

在这一背景下，北京市档案馆立足馆藏档案，编辑策划了本期“档案中的北京——科技之光”专辑，从科研管理、科技推动工农业发展、科技体制改革、科普工作等方面，选取新中国成立以来的相关档案，以档案见证北京的科技发展历程，为“科技北京”提供了纵深的视角，为未来的北京科技发展增添了历史的厚重。

编　者

参考资料：

①《北京志•科学卷•科学技术志》，北京出版社，2005 年 5 月。

②《北京志•科学技术志（1991—2010）》，北京出版集团、北京出版社，2020 年 6 月。

③《科技北京：三大“城”托起科创策源地》，《新京报》2022 年 6 月 7 日第 A12 版。

1959–1964年
北京市科学技术协会史料

中华人民共和国成立前夕，党中央为团结科技工作者，为新中国建设事业贡献力量，邀请科技界派代表参加中国人民政治协商会议，批准由中国科学社、中华自然科学社、中国科学工作者协会和东北自然科学研究会等4个科学团体共同发起，筹备召开中华全国自然科学工作者代表会议（简称“科代会”）。1949年7月，科代会筹备会议在北平召开，选出正式代表15人和候补代表2人参加中国人民政治协商会议。1950年8月18日，中华全国自然科学工作者代表会议在北京清华大学礼堂开幕。会议决定成立“中华全国自然科学专门学会联合会”（简称“全国科联”）和“中华全国科学技术普及协会”（简称“全国科普”）两个组织，并选举了两个组织的全国委员会及常务委员会，一致推举吴玉章为这两个组织的名誉主席。地质学家李四光当选“全国科联”主席，侯德榜、曾昭抡、吴有训、陈康白当选副主席；林学家梁希当选“全国科普”主席，竺可桢、丁西林、茅以升、陈凤桐当选副主席。1958年，经中央批准，“全国科联”和“全国科普”合并，9月在北京召开了第一次全国代表大会，正式成立了“中华人民共和国科学技术协会”。在1980年3月举行的第二次代表大会上，又将团体定名为“中国科学技术协会”。

作为“全国科联”和“全国科普”的地方机构，“中华全国自然科学专门学会联合会北京分会”（简称“北京科联”）于1952年成立，“中华全国科学普及协会北京分会”（简称“北京科普”）于1953年成立。1958年北京科联与北京科普合并，成立了北京市科协筹委会，1963年召开了第一次代表大会，“北京市科学技术协会”正式成立，由茅以升担任主席。“文革”期间北京市科协停止工作；1978年3月恢复工作，1980年6月召开第二次代表大会并选举产生了第二届委员会，仍由茅以升担任主席；1986年9月召开第三次代表大会；1991年11月召开第四次代表大会。

北京市科协是北京市委领导下的、北京地区科学技术工作者的群众组织，由全市性的学会、基金会、区县科协及基层组织组成，是中国科学技术协会的地方组织。科学技术协会的主要职责，一方面是在科学技术工作者之间起到沟通桥梁的作用，开展学术活动，组织北京市的各类学术研讨；另一方面，则在开展科普活动方面发挥了巨大的力量，包括协助制定落实本市科普工作计划，开展青少年科技教育，指导科技场馆、科普工作队伍的建设等，以及开展继续教育和培训工作、开展民间国际科技交流与合作等。

本组史料主要反映了1959—1964年北京市科协成立初期的有关工作情况，北京市档案馆藏，档号：10-1-104、109、110、111、120、128、149、154、162、170。

——选编者　王海燕

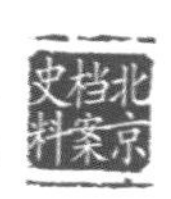

北京市科协筹委会成立以来四个月工作情况及1959年上半年工作要点

（1959年2月24日）

（一）

去年全国科协代表大会以后，市科联、科普常委会讨论了如何在本市贯彻的意见，于10月7日召集了科联委员、学会理事、科普委员、学组委员、基层组织负责人500余人，传达了全国科协代表大会的主要精神。11月11日由原科联、科普常委会通过决议，成立市科协筹委会。四个月以来，着重进行了以下三方面工作。

一、深入基层，总结技术革命群众运动的典型经验，推动建立科协组织。我们主要抓三种类型的点：

第一，新建科协组织，工作开展得好的地区和单位，如延庆县。该县党委很重视搞技术革命，并对科协组织抓的很紧。县委副书记挂帅兼科协主任，配备了二个专职干部，把领导科协的工作列入各级党委的议事日程，布置、检查生产的同时，就布置、检查技术革命，同时也就布置、检查科协在技术革命中配合得如何。科协工作也紧紧围绕党的中心工作和生产任务。如灯塔公社王泉营大队的科协组织协助党委着重抓了农具改革、沼气、土化肥、冬季小麦管理等，对生产起了推动的作用。最近，在县委领导下，科协还在机械修配厂召开了全县的工业技术现场会议，推广了该厂制造土机器、消灭笨重体力劳动、提高劳动生产率的经验。县委还要求科协积极发展组织，通过科协，在59年组织二万名科学大军，形成四网，即：科学技术的研究网、学习网、普及宣传网、通讯网。

第二，原来科普工作基础好的单位。如南湖砖瓦厂科普组织，在五八年带动职工完成了小型科普宣传一万次，组织了土质、配土、干燥、回转窑、倒焰窑等五个技术研究小组，一直坚持开展了群众性的科学技术研究，协助党和行政解决了不少生产上的技术问题。长辛店机车车辆厂科普组织协助党和行政围绕机车制造任务，举办了各种系统的科学讲座，配合新徒工的技术教育，办了速成识图班；配合技术革新，经常举办各种现场技术表演；58年底还发动会员，总结了一千条先进经验。党委认为科普组织是党在领导技术革命中的有力助手，今年工人增加，还应扩大发展会员。

第三，没有科普组织，也没有科协组织，在党委直接领导下，技术革命搞得突出的单位。如西城区金属修配厂，原是一个干白铁活的手工业社，后来成了修配厂，在党委领导下，工人造出了12种土机器，然后以土造洋，制造出仿苏X31K型摇臂钻床。我们配合一机部、市机电局召开了一次现场会议，宣传推广了他们的经验。并在这个基础上，协助该厂办好红专学校，加强对工人的技术教育，过好由试制到成批制造的技术关。

到目前为止，已有延庆、通州、周口店、顺义四个区建立了区科协组织，并广泛建立了基层科协组织，东城、宣武、朝阳三个区则建立了区科协的筹委会，其他的区也在酝酿建立。

二、推动学会改组并开展活动。第一步抓“靠”的问题。我们根据全国科协决议的精神，主动向政府各业务部门汇报，请求他们尽速把有关的学会领导起来，并在他们的领导之下，着手

进行学会的整顿、改组。前后已向11个局联系过。卫生局已确定由顾德副局长具体负责领导五个医科学会（连同卫协、中医学会、护士学会、红十字会则共九个团体），现正研究、酝酿整顿、改组的方案。其他2个局尚在酝酿、研究。在解决归口领导的同时，我们还积极推动学会主动开展活动。如电机学会配合小土群办电，主动帮助东城区举办了土法办电训练班，在三个工厂搞了试点。自去年9月至今年1月，学会共举办了学术活动150次。

三、市科协筹委会直接进行的工作和活动：

1. 协助市科委制定1959年科学技术计划，参加计划办公室。

2. 配合全市的小土群炼钢运动，举办了七次关于土法炼钢的报告会（结合现场表演），编印了土法炼钢的资料。派干部参加了西城区钢铁办公室，协助其总结推广技术经验。

此外，在全国农业先进单位代表会议之后，邀请丰产能手到各郊区举行了报告、座谈五次。

3. 负责组织全国科学技术新成就展览会北京馆的展出。共展出展品194件，观众达17万人次。此外，还组织了"钢铁""天文知识""首都科学技术大跃进""苏联宇宙火箭"等四次画廊，放映了电影163次。

4. 配合苏联宇宙火箭上天，举办了全市性的大型报告会5次，并协助各区、人民公社、厂矿、机关举办报告会70次，听众达12万2千人。

5. 改进了科学小报的内容，使其更加密切地结合当前的技术革命运动及本市生产的需要，发行额自10份跃至14万份。此外，还配合有关单位编辑出版了4种有关技术经验的小册子。

（二）

1959年上半年的工作要点如下：

一、积极准备在三月份召开市科协代表大会。目前亟需拟定下届科协委员名单，并根据1月份全国科协工作会议（杭州）的精神，结合本市情况写出工作报告，制订出1959年工作规划。

二、深入贯彻全国科协工作会议（杭州）的精神，召开区科协和学会负责人会议，传达杭州会议的内容，采取鸣放辩论的方式，统一对科协、学会的作用和性质、任务的思想认识，明确科协、学会抓什么和怎么抓的问题。

三、继续深入基层，抓典型、总结经验。仍以上述三种类型的人民公社和厂矿为重点。总结的内容着重在三个方面：1. 科协组织如何配合技术革命运动，总结、推广先进经验；2. 群众性的科学技术研究工作，各种研究小组；3. 科协组织如何配合搞技术教育，搞红专学校。

在总结基层工作经验的同时发展科协会员，积极建立和扩大基层科协组织，推动建立区级科协组织。

四、继续促进学会归口问题的解决，逐步整顿、改组学会，积极推动学会开展学术活动。选择1-2个重点，摸索、总结学会工作的经验。

五、密切与有关部门的配合，利用各种宣传阵地，积极开展各种科学技术活动，加强报刊资料工作。

1. 加强与文化馆站、文化宫、俱乐部、广播电台、广播站、图书馆的合作，共同拟订出这些据点科学技术活动的计划，协同其完成。

2. 做好天文馆下放的交接工作，协助其制订1959年工作计划，充实活动内容。

3. 做好中央科技馆的展品征集工作。

4. 与机电局配合，搞好土机器比武大会，组织技术经验的交流。

5. 改进科学小报，使其更好地为本市服务，扩大本市的发行额。努力使科学小报的内容更好地结合生产、结合实际，更加丰富多彩，通俗活泼。配合有关单位，编印通俗的科学普及小册子，结合中心任务，出好科学普及宣传资料。

六、在党的领导下，发动群众，努力实现本市科学技术计划的要求，积极开展建国十周年科学技术献礼运动。推动基层科协结合“五一”“七一”，协助党委抓一次献礼，为“十一”献礼打下基础。

市科协筹委会秘书处

2月24日

1959年北京市科协工作简报(第2期)

(1959年8月7日)

北京市科协筹委会编

电子学会超声学组举行大功率超声发生器现场会议

七月十九日，电子学会超声组在石油学院举行了“大功率超声发生器现场会议”的活动。由石油学院简昌同志就试制大功率超声发生器经过及制造中遇到的问题、解决的办法作了中心发言，同时参观了他们自己制造的两台大功率超声发生器，并表演实际工作的情况，然后进行座谈。出席的有研究单位、高等院校、生产部门等30多个单位70多位同志。

大功率超声发生器应用面很广，有些单位在试制，但是在制造方法、材料、数据以及实用等方面均存在不同程度的一些问题。煤炭设计院提出，由于大功率没有解决，使破碎岩石达不到要求，煤水混合时没有沉淀反而乳化，使工作受到一定影响；以及其他单位提出如何可以精确地测量输出的超声功率，石英换能器上镀银用哪种方法最好，清洗或消毒应用什么频率，超声波对固体液体的分子作用如何；也有人指出资料上的数据用到实际中去有时不符等等。经过大家相互交换情况和经验，在不同程度上解决了一些问题。

会后举行了第一次组务会议，推选出中国科学院电子研究所应崇福、北京大学杜连耀、石油学院冯世瑄组成核心小组，并以应崇福为组长。会议决定下半年的工作主要围绕多种类型的超声发生器、多种类型的电超声换能器、声场测量、超声的几项主要应用、国内外超声学发展情况等问题，以讲座、座谈会等形式进行经验交流和学术讨论。参加会议的同志感到很有收获，表示欢迎这种活动。

1959年北京市科协工作简报（第6期）

（1959年9月3日）

北京市科协筹委会编

农科各学会配合当前生产开展活动

一、北京作物学会经济作物组和北京市农业科学院的农业研究所于8月5日召开了1959年度第三次棉花增产技术座谈会。

参加会议的有中国农业科学院农业气象室、北京农业大学等科学研究机关、院校以及产棉区（县）农林局的研究人员、教师和技术干部。会上针对京郊棉花当前生长情况和存在的问题，研究了加强管理的增产措施。

会议认为，京郊棉花正当蕾铃盛期，也正是要做好保蕾、保铃工作，力争丰收的关键时期。但是由于今年棉花出苗较慢，生育延迟，加上雨季来得早，雨量大而集中，影响了蕾铃的正常发育，成铃少而脱铃多，严重的竟达50%以上。因此，大家认为必须加强田间管理，采取适时整枝、追肥、中耕、抓紧排水、彻底除虫等措施，以减少蕾铃脱落，确保棉花的丰收。

二、北京畜牧兽医学会于8月22日举行了关于青贮饲料方面的报告会，到会的有国营农场、公社和畜牧场的畜牧工作者、饲养员三百余人。会上由中国农业科学院畜牧研究所熊德邵和南郊农场的常景畲同志分别介绍了全国各地解决青贮饲料的经验以及青贮方法，对解决当前牲畜饲料不足问题交流了经验。

三、北京畜牧兽医学会为了帮助提高本市兽医人员的技术水平，决定举办中兽医针灸技术训练班，现在已开始报名。计划九月中旬开学，学习期限暂定三个月，由市农业科学院畜牧兽医研究所的同志担任讲课。

四、北京园艺学会蔬菜专业组和北京植物病理学会于8月25日举办了一次“从今年北京气象看白菜的三大病虫害及其预防的措施”的报告会，报告是由北京农业大学植保系□□□教授作的。到会的有郊区各农林局、人民公社和生产站、队以及农场的技术干部、劳动模范和有经验的老农三百多人。另外还有研究机关和气象部门的同志参加。

报告从今年北京地区的特殊气象条件分析了白菜软腐病、霜霉病和白菜孤丁可能发生的情况及预防办法。由于报告内容紧密地结合了当前郊区的生产，受到了与会同志的欢迎。大家认为这次抓住了当前大白菜生产中的关键问题。

五、北京作物学会水稻专业组和北京市农业科学院农业研究所在 8 月 28 日召开了水稻专业会议。参加会议的有农大农学系、北大生物系、中国农业科学院稻作室和各有关区农林局的研究人员、教师和技术干部。

会议首先交流了当前各单位和各地区的水稻生长情况及存在问题，然后讨论了水稻后期管理的技术措施，并制订了水稻专业组今后的活动计划，准备 9 月中旬组织水稻考察团，11 月份总结北京地区的水稻栽培经验。

会后到北京大学、中国科学院、海淀人民公社、团河农场、南苑槐房参观了水稻的生长情况。一般认为今年水稻比去年还好。

北京市科联、科普八年来的工作和建立科学技术协会的报告（初稿）

（1959 年 9 月 29 日）

（一）

中华全国自然科学专门学会联合会北京分会在 1951 年 2 月建立筹备委员会，1952 年 12 月正式成立。北京市科学技术普及协会在 1951 年 1 月建立筹备委员会，1953 年 1 月正式成立。至

1958 年 11 月，市科联、科普两个团体合并，成立了市科学技术协会筹备委员会。现在共有会员三万人，专门学会 37 个，基层组织 300 多个。

市科联、科普在党的领导下，八年来，在开展学术活动，进行业余技术教育、普及科学技术知识，推动知识分子参加各项政治运动，促进他们的自我改造等方面，做了不少工作，取得了一定成绩。主要的工作是：

第一，举办学术报告和学术讨论。八年来各学会的学术活动共进行了 3 千余次。许多学会，都每年定期举行学术论文的讨论会或年会。1954 年至 1956 年三年中提供的较重要的论文就有 600 余篇。工科、农科的学会还组织了不少技术讨论会、交流会，协助生产部门总结和推广先进技术经验，提出改进技术和解决生产关键问题的建议意见。如土木学会研究、讨论道路翻浆问题、预应力管道问题、北海大桥的改建方案问题等；建筑学会举办的标准住宅设计竞赛、天安门改建方案的讨论等。医学会还举办了 179 次临床病理讨论会。基础学科的学会也举办了不少交流研究成果、探索科学理论、改进教学等方面的学术活动。此外，自 1955 年至 1959 年 8 月，各学会邀请在京或来京的外国专家举行了 237 次座谈会、报告会。这些活动对促进国际学术交流，特别是对帮助广大科学技术工作者学习苏联和社会主义兄弟国家的先进科学技术起了良好的作用。

第二，进行了群众性的业余科学技术教育和科学研究工作。七年来，我们在文化宫举办了讲座、学习班和讲演就有 1300 余次，内容包括：机械制图、车工、钳工、铸工、热处理、高速切削、金属材料、电工原理、电机制造、工艺、汽车修理及驾驶、纺织、建筑等。1956 年推广的“速成积木识图法”，使工人可以在较短的时间内掌握机械识图的基本方法，效果良好。为帮助青年科学技术人员提高水平，各学会也经常举办各种科学技术讲座，如土木学会的土壤力学讲座、解剖学会的组织学和胚胎学讲座等，都很受欢迎；科普协会为小学教师进修举办的“自然”“地理”两个讲座，进行了80余讲，坚持两年半，听众累计4万6千多人次。配合干部和工人的辩证唯物主义学习，还举办了多次自然科学基础讲座，如“认识宇宙”“人类的起源和发展”等。药学会举办的业余药科学校，已坚持了一年多。许多农村和厂矿企业，也大量地办起了各种红专学校、业余技术学校、训练班，成立了各种科学研究小组。广大会员都积极地参加了这些教育、研究工作。他们已成了群众性的技术教育和科学研究的一支骨干力量。

第三，采用多种多样的方式进行科学技术的普及宣传，如讲演、技术表演、座谈、技术问答、展览、画廊、电影、幻灯、广播和编印科普报刊、资料等。几年来，市科普协会组织的科普讲演约有一万余次，基层的科普组织还广泛地在车间、田间、街道进行了各种经常性的小型的口头宣传。1957年苏联第一颗人造地球卫星上天，全市组织了650次宣传，听众达39万人次；1958年苏联发射了第一颗宇宙火箭，我们也组织了广泛的宣传，听众达12万人次；最近苏联发射的宇宙火箭到达月球，我们也举办了科学报告会。八年来举办科学技术普及的小型展览达一百多次；放映科学电影五百余次。北京天文馆已在今年由全国科协下交，8个月来，天象厅表演1236场，观众达452,514人次；电影厅演出974场，观众达189,401人次。自1952年10月开始，我们在《北京日报》上编辑了“大众科学”副刊135期，同时还出版了“科学壁报”。至1954年3月在“科学壁报”的基础

上，正式出版“科学小报”，至今已出版到230期，发行六万余份。科普宣传资料和小册子，共编印了300多种。

此外，市科联、科普在推动广大会员响应党的号召，参加各项政治运动方面也做了一些工作。如1953年组织会员讨论过渡时期总路线，54年讨论宪法草案，55年召开了大会推动会员积极参加肃清胡风反革命集团及一切暗藏反革命分子的斗争。1957年初，讨论了我国12年科学技术发展远景规划纲要。反右派斗争和整风运动中，有的学会召开了批判斗争学会中右派分子的大会，清除了市科联、科普和学会领导机构中的右派分子；请彭真同志做了关于整风和知识分子思想改造问题的报告；医学会召开了向党交心的大会。1958年配合学习党的鼓足干劲、力争上游、多快好省地建设社会主义的总路线，还组织会员到人民公社参观。

市科联、科普八年来，进行了不少工作，成绩是很大的。但是，工作中也曾有一些缺点。主要是：政治思想领导薄弱；在活动中曾有一些脱离实际、脱离群众的现象，为生产服务的思想不够明确。活动主要在知识分子的圈子中，组织上也不适当地强调了学历资格上的限制。这些缺点经过整风、反右，特别是经过1958年“大跃进”，建立市科协筹委会后，已经有了基本克服。

（二）

几年来，市科联、科普工作发展的过程，也是科学技术上的社会主义和资本主义两条道路斗争的过程。这个斗争，主要集中在三个问题上，即：科联、科普要不要党的领导，要不要政治挂帅；要不要为生产服务，要不要结合实际；是走专家路线，还是走群众路线。经过几年来的实践，特别是经过1957年和1958年的反右派斗争和整风运动，社会主义的科学技术道路在科联、科普的组织中取得了决定性的胜利。1958 年 9 月召开的全国科协第一次代表大会集中地反映了这个胜利。大会确定将科联、科普两个团体合并为统一的科学技术协会，确定科协组织必需依靠党的绝对领导，实行政治挂帅，科协的工作必须为社会主义服务、为生产服务，必须贯彻群众路线，坚持知识分子与工农相结合、理论与实践相结合、普及与提高相结合的方针。本市科联、科普根据全国科协代表大会指示的精神，在党的领导下，检查和纠正了过去工作中的某些脱离政治、脱离实际、脱离群众的缺点，并将两个团体合并，建立市科学技术协会筹委会。这一切，都为工作的进一步发展准备了基础。

在党的鼓足干劲、力争上游、多快好省地建设社会主义的总路线的光辉照耀下，在全国“大跃进”的形势下，我们的工作也出现了前所未有的跃进局面。这一时期来，活动更加鲜明地体现了为生产服务的特点。譬如，在大炼钢铁的运动中，组织了各种土法炼钢的报告会，并当场做实际操作的表演；在大闹机械化、半机械化，消灭笨重体力劳动的运动中，配合有关单位召开了土机器的现场经验交流会，并举办报告会 30 多次。许多学会，也改变了过去某些清谈学术的作风，组织会员投入了轰轰烈烈的生产“大跃进”的热潮。譬如，纺织学会组织会员到国棉二厂调查研究，帮助提高棉布质量；农机学会组织会员上山，进行山区农具调查，协助研究本市山区农具改革的方案；土木学会举行了关于道路泛油问题的现场参观和讨论，分析了道路泛油的原因，提出了防止办法；作物学会在去年和今年小麦丰收之后，都及时进行了小麦丰产经验的讨论会，比较系统地总结了小麦丰产的经验，提出了秋播小麦增产的措施。最近，水稻、棉花正在成长，又组织了两个考察团，分赴五个区的十多个人民公社做调查研

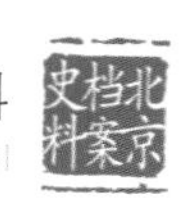

究，发现问题，总结经验，提出明年的增产措施。这些活动，都对当前生产起了促进的作用。而且也有助于研究工作和教学工作结合实际，受到了群众的欢迎和党政领导的重视。自然，理论性的研究和探讨，仍是非常重要的，这方面的工作也没有放松。特别是“大跃进”以来，各方面的科学研究成果无论在数量上、质量上都超过了过去的若干年。因此，科学报告会、讨论会等活动，也都更加活跃起来。

这一时期活动的群众基础也更为广泛，突破了知识分子的圈子，广大的工农群众参加了科学技术活动。“大跃进”以来，工农群众破除了迷信，解放了思想，敢想、敢干，在科学技术上做出了许多重要的发明创造和革新。在基层厂矿和农村中，科协小组的群众性的科学研究和技术改革工作有声有色地开展起来。有许多车间科协小组，成了攻克生产技术关键的突击手，哪儿有技术上的困难就往哪儿钻，并作出了出色的成绩。如台型机床厂科协会员在今年上半年就提出并实现了二百多项重要的技术革新，并进行了机床的自动操纵等问题的研究。在科学普及工作上，工农群众不再被认为仅仅是“被普及者”了，他们同时是“普及者”。能者为师，在文化宫举办的许多科普讲演，都是先进生产者和技术革新者主讲的；在车间、田间，老工人、老农结合实际进行的科普宣传，生动具体，广泛深入。群众自己提出的一句口号“人人讲科学，处处用科学”真是一个现实的写照。在学会的学术活动中，工人、农民中的技术专家也登上了科学讲坛。去年这个时候，我们请防治白蚁专家李始美向几千会员做了报告，他所提出的一些创造性的论点，被认为具有重大的理论意义和实践意义，使某些资产阶级学者大为震惊。去年和全国科协联合召开的小麦丰产座谈会上，有 8 个省市的 30 多位丰产能手参加，和在京的科学家一起座谈，系统地总结了从深耕、密植、施肥、灌溉一直到田间管理的一套经验，并从科学理论上加以分析、探讨，土洋结合，收获很大。有的人说：一席讨论会，胜读二年书。有许多学术活动，除了科学技术人员、工农群众之外，还有领导干部参加，他们掌握党的政策，了解生产上、技术上的全面情况，有丰富的实践经验，因而就使学术活动能更好地遵循着正确的方向，探讨问题更加全面、深入。譬如，去年的白菜座谈会、今年的小麦讨论会，猪皮软化、美化讨论会，肥皂原料消耗定额和提高质量的讨论会等，都是这种领导干部、科技人员、工农群众三结合的会议，成效很好。随着科学技术活动的群众基础的扩大，组织上也打破了过去的学历资格的限制，吸收了一些工农会员，并有一部分工人、农民的技术专家参加了科协组织的领导机构。

在政治方向更加明确的基础上，学术上的民主讨论和自由争辩的空气也更加活泼起来。党的“百花齐放、百家争鸣”的方针获得了进一步的贯彻。大家感到：破除了对学术权威等等的迷信，就敢于大胆提出意见了，再加上科学研究工作深入了实际，也就有丰富的内容可以争辩了。譬如，不久前金属学会召开的现代焦炉装炉煤炉外干燥与预热学术讨论会，大家都根据自己的试验研究，提出了各种不同的看法，争论十分热烈，问题讨论得比较深入。最近作物学会召开的小麦讨论会上，关于合理密植的密度，也曾有不同的见解，经过自由争辩，引证了大量的调查研究材料，最后取得了大体一致的意见。这样的自由争辩，使学术探讨显得生气勃勃。

工作上的这一些进展，都是在党的直接领导和关怀下所取得的。党的领导就是我们科学技术群众团体的生命线，是引导我们

前进的灯塔。但是，我们的工作还做得很不够，开展的科学技术活动还不够广泛深入。我们的工作与党对我们的要求，及客观形势的需要还相距甚远，还需要我们继续做很大的努力。

（三）

党的八届八中全会向全国人民提出了伟大的战斗号召，我们一定要坚决遵循着党所指引的方向，反右倾、鼓干劲，努力实现科学技术战线上的继续跃进。

为了更好地完成党所交给我们的任务，克服我们的工作落后于客观形势的矛盾，我们认为有必要把本市的科学技术协会正式建立起来。我们已经经过一个较长时间的准备，摸索和积累了一些经验，现在建立市科协是具备充分条件的，也是为本市的广大科学技术工作者和广大群众所欢迎的。

关于科学技术协会的性质、任务和组织原则，在全国科协第一次代表大会的决议中已有明确的规定。科协是党领导下的、社会主义的科学技术群众团体，是党动员广大科学技术工作者和广大人民群众进行技术革命和文化革命、建设社会主义和共产主义的一个工具和助手。它的基本任务是，在党的领导下，密切结合生产，积极开展群众性的技术革命运动。它的具体任务主要是：协助开展群众性的科学研究和技术改革；总结交流和推广科学技术的发明创造和先进经验；普及科学技术知识；协助进行业余技术教育；开展学术讨论、学术批判和学术交流活动，继续促进知识分子的团结和改造工作。

市科协正式建立以后，应当立即、迅速地投入到当前的增产节约运动中去，积极主动地开展各种群众性的科学技术专业活动来服务于当前的增产节约运动。市科协应抓住生产中的关键问题，踏踏实实地搞好搞透几件事，对生产做出实际贡献，当好党的助手。

应当继续积极地发挥学会的作用，发扬学术民主，开展学术活动，并按照“专业为纲、上下相联”的精神，推动学会的活动与基层的活动上下结合起来。基层科协的工作必须加强。这是目前我们工作中的一个薄弱环节，经验也较缺乏，要认真做一些努力。

组织建设工作应当实行“积极发展、巩固提高、稳步前进”的方针，并采取边活动、边发展、边巩固的办法，结合开展活动来发展、巩固组织。

目前，形势很好，政治方向和业务方向都很明确，但是任务却很艰巨。让我们鼓足干劲、力争上游，为迎接增产节约运动的新高潮，为实现首都的生产建设和科学技术发展计划，为年内完成我国国民经济第二个五年计划的主要指标而奋斗！

1959年北京市科协工作简报（第13期）

（1959年11月5日）

延庆县科学技术协会的工作情况

延庆县科学技术协会是在去年8月建立的科普协会的基础上，于同年11月27日改组而成的。成立后在县委的直接领导下，以及与各部门的配合下，科协组织有了很大的发展，现有会员2953人，在全县五个公社、三个中学、三个厂矿及县直属机关都建立了科协的基层组织，并组成了700余个研究试验小组。

通过各级科协组织的积极活动，已收到了一定的效果。

去年大办钢铁运动中，科协配合工业局组织了北京钢校及农机学院下放劳动锻炼的师生总结了小高炉正常出铁的经验，编写了钢铁技术材料。营门铁矿科协在矿党委书记亲自挂帅领导下，在会员中开展了献计献策，在101平巷内铺设110公尺的铁轨，解决了矿石运输，提高了工作效率20余倍，同时还创造了各式手推车及溜矿石溜子，明山打眼放炮的技术也有了改进和提高。机械修配厂科协在党支部领导下，充分发挥了技术革命小组的作用，开展了技术革新，造出了土弹簧锤、电锯等，利用废变压器改成了电焊机，利用50天的时间开展了扫除机械盲的工作。在县委的领导下，科协还在该厂召开了现场会议，推动本县的工业技术革命运动。

在农业生产方面，延庆公社王泉营大队科协工作站，在党的领导下发动群众开展了以大搞深翻为主的工具改革，进行了有关炼钢、卫生及农业知识的普及宣传工作。县科协配合农业局举办了拖拉机训练班；总结了今年小麦丰产经验，并召开了老农、技术人员、领导干部三结合的座谈会，组织了12名技术干部深入田间，对套种、间作、闷谷、机耕对比、土豆芽栽、密植等技术措施进行了考察总结。为了促进蔬菜和畜牧业的发展，科协和农业局组织了农业技术研究小组，在县委农村工作部部长郭春云亲自领导下，调查了全县白菜三大病害的发生情况，提出了措施，向全县进行了推广。此外，还配合畜牧科在康庄公社榆林堡开了绵羊改良现场会；编了兔化猪瘟育〔疫〕苗材料。

教育卫生方面，配合爱国卫生突击运动，进行了多次卫生宣传。三个中学的科协组织围绕教学进行了活动，在小麦试验田的技术工作中起了一定作用，二中麦田试验组创造了全县单产800

斤的记录。三中的机械研究小组，进行了汽轮机的制造研究工作。还举办了一些科学知识报告会。

县直属机关科协组织，协助党委做了组织红专大学的工作，先后已进行了汽车、拖拉机、发电机、农业技术等专业知识的学习 33 次。

县科协与文化馆、电影队、广播站、报社等部门配合，先后举办过 4 次展览（包括科学常识、人造卫星、雷电、天文知识），观众达两万余人次；举办了小型巡回展览；根据生产需要及时供应县报、广播站宣传材料；编印了工业、农业、卫生等技术材料 50 余种，印发了一万二千余份；放映了科学幻灯片；通过市科协还请全国农业劳模、大学教授做过报告；组织了全县各公社、厂矿、中学百余人赴京参观了全国科学技术成就展览。

北京市科学技术学会
1959 年专门学会一览表

（1959 年）

市领导部门	学会名称	会员人数
纺织工业部	纺织学会	280 人
化工局	化学化工学会	1261 人
机电局	电机工程学会	650 人
	电子学会	950 人
	机械工程学会	1100 人
	造船学会	140 人
冶金局	金属学会	514 人

建筑工程局	土木工程学会	1850 人
规划局	建筑学会	1714 人
	测绘学会	320 人
建料局	矽酸盐学会	155 人
地质局	地质学会	290 人
农林局（或农村工作委员会）	农学会	218 人
	林学会（筹委）	165 人
	园艺学会	138 人
	土壤学会	131 人
	植物学会	191 人
	植物病理学会	85 人
	昆虫学会	120 人
	畜牧兽医学会	290 人
	农业机械学会（筹委）	190 人
	水利学会（筹委）	571 人
公共卫生局	医学会	2100 人
	药学会	360 人
	生理科学会	317 人
	解剖学会	109 人
	微生物学会	310 人
	护士学会	2103 人
市委大学科学部	力学学会	177 人
	数学学会	663 人
	物理学会	445 人
	天文学会	37 人
	地理学会	310 人
	气象学会	133 人
	心理学会	138 人
	海洋湖沼学会	99 人
	动物学会	110 人
	共计	18084 人

北京市科协筹委会党员领导小组关于科协1959年工作情况及1960年工作要点的报告

（1960年4月7日）

大学科学部并报
市委：

兹将科协1959年工作情况和我们考虑的1960年工作要点报告如下。

（一）

1959年本市科协在党的领导下，遵照中央两次对科协工作的批示及市委指示的精神，大力开展了各项群众性的科学技术活动，对促进工农业生产和科学技术工作的发展起了积极作用，成绩是很大的。

一、各专门学会学术活动已更加广泛深入地开展起来。一年来共进行了384次。大搞为当前生产服务的科学技术活动，是这一年来学会活动的重要进展。建筑学会组织了国庆工程设计方案的讨论，协助提出了许多重要的建议和补充方案；国庆工程完工后，又有系统地组织了20多次学术报告，总结交流了国庆工程中的重要科学技术经验。土木工程学会组织了沥青路面泛油问题，城市污水处理问题，预应力管道的设计、施工和制造问题，人民公社供水问题等讨论会。化学化工学会组织了猪皮软化和美

化、降低肥皂原材料消耗和提高质量等讨论会。作物学会前后组织了六个考察团，到郊区进行调查研究；并分别召开了小麦和水稻、棉花、玉米丰产经验的讨论会。医学会进行了9次病例讨论会，护士学会还组织了护理工作的观摩活动。配合尖端科学技术和基本理论研究的活动也有所发展。如电子学会举办了一系列关于无线电、真空技术、超声波等的学术报告和讨论；物理学会、数学会、力学会等都举办了交流科学研究成果的学术报告；医学会还召开了年会，收集了375篇论文，进行了学术讨论。许多学会还配合教学工作开展了活动，如数学会关于中学和大学数学教学衔接问题的讨论；植物学会关于植物教学的经验交流等。此外，还邀请来京、在京的外国专家作了40多次学术报告。

二、开始建立区县科协，重点摸索了基层科协的工作经验。到目前为止，已有延庆、通县、顺义、密云、东城五个区县建立了科协，宣武、崇文、朝阳、房山四个区县建立了科协筹委会。这些区县科协建立以后，在区县党委领导下，配合本区县的技术革命运动，组织了一些技术经验交流会、技术学习班和科普宣传活动。延庆县科协配合有关部门召开了技术革新现场会、小麦经验总结交流会；组织了白菜病害的调查研究，提出并推广了防治措施；举办了拖拉机、发电机等学习班和各种科普报告33次；编印了技术资料50余种。

基层科协组织现有375个，大部分是原有的科普基层组织，一部分是在基层党委领导下新成立的基层科协。经过这一年的摸索，已出现了一些好的苗头。如西城区台型机床厂科协，结合生产，以车间技术小组为主，开展了群众性的科学研究活动，攻克了不少技术关键；运用技术表演等方式，大力推广了先进经验；协助行政组织了5个技术学习班。

三、各种业余技术教育和科学知识普及活动有了进一步的开展。市科协及所属各专门学会共举办了各种训练班、学习班53个。内容有：金属工艺、机械制图、电机制造、仪器仪表、无线电、电视接收机、家禽家畜饲养管理、中兽医针灸、中医、中药、护理知识等。这些训练班内容集中，结合实际，时间短，收效大，很受群众欢迎。由于科协拥有广大会员，在业余技术教育的教员、教材这两个环节上发挥了积极作用。如首都图书馆业余红专大学的科学技术课程，包括了28门学科的内容。市科协帮其组织了30多个讲员，并协助编出了讲义，解决了他们的困难问题。药学会配合卫生局举办的药剂夜大学，也是学会组织有关单位的人员轮流讲课，坚持了一年多，收到良好的效果。一年来，配合劳动人民文化宫举办科学技术学习班、讲座和报告会等共有1050次，听众达21000人次。苏联三次宇宙火箭上天，都广泛组织了科学普及报告会，前后听众达13万人次。市科协举办画廊和小型图片展览共30次，放映科学技术电影118场。天文馆天象厅表演1722场，放映电影1415场，观众共58万5千多人次，并组织了五次展览，举办了各种天文晚会、讲演等63次。

四、加强了报刊、资料工作。科学小报进一步贯彻了为生产服务的方针，内容更加紧密地配合了本市的技术革新和技术革命运动，发行量已达18万份。天文馆编辑的“天文爱好者”双月刊，质量也有所提高，发行量达1万3千多份。与市农业科学院合编的农业科学技术资料已出了55期，前后共发24万份。编印出版了一批论文集和小册子。

这一年来工作的显著特点是：加强了党的领导，坚持了政治挂帅，认真贯彻了为社会主义建设服务、为生产服务的方针，贯彻了群众路线，根本改变了过去科联、科普脱离政治、脱离实

际、脱离群众，少数专家冷冷清清搞活动的局面。

科协工作虽然有了上述重大的发展，但尚远远赶不上形势发展的需要。工作中尚存在不少问题，主要是：为当前生产服务的科学技术活动还不够广泛深入，配合党的中心任务和当前技术革新、技术革命运动还不得劲、不及时；活动还是上层较多，深入群众不够，基层科协的工作十分薄弱，95%以上的厂矿、人民公社还没有建立科协；科协的组织还不够健全，组织作用还没有充分发挥。这些问题都需要在今后有计划、有步骤地抓紧解决。

（二）

1960年是继续“大跃进”的一年，本市的工农业生产和科学技术工作将有更加巨大的发展。在这新的形势之下，科协组织必须在党的领导下，高举毛泽东思想的红旗，继续贯彻党的建设社会主义的总路线，树雄心、立大志，大鼓干劲，更加广泛深入地开展群众性的科学技术活动，为促进1960年国民经济计划及科学技术发展计划的实现及争取本市工农业生产和科学技术战线的更“大跃进”而奋斗。

1960年科协应当配合的主要任务是：

一、工业方面，要在党的领导下，紧密地配合以机械化半机械化、自动化半自动化为中心的技术革新与技术革命运动，开展群众性的科学技术活动。要发动广大科学技术工作者和技术革新积极分子，努力攻克本市工业向重、大、精、尖发展中产生的各种科学技术关键问题；同时也要大力配合解决中小型企业及人民公社、街道办工业中的科学技术问题。要积极配合本市建筑和市政建设，围绕快速优质、采用推广新技术新材料等开展活动。加强资源的综合利用，积极开展有关煤、木材、炉渣、污水、农副产品及野生植物综合利用的科学技术活动。

二、农业方面，要大力配合解决发展蔬菜及以养猪为首的畜牧生产的科学技术问题；继续贯彻农业八字宪法，提高粮、棉、油料生产；积极配合农业技术改造，开展农机具改革的群众运动，并围绕农业机械化系列化的试验研究，开展学术活动。

三、医药卫生方面，加强中西医团结，围绕防治病毒疾病和本市流行病、职业病，以及攻破疑难病症等方面，开展学术活动；进一步开展除四害讲卫生运动，以加强人民公社及厂矿的卫生工作为重点，积极普及卫生科学知识。

四、加强基础理论和尖端科学技术方面的学术活动。

为了完成上述任务，工作要点如下：

一、协助党组织发动科学技术工作者和技术革新积极分子，大力开展新技术和先进经验的推广工作，进行群众性的科学技术研究活动，协助解决技术革新和技术革命运动中产生的各种生产技术问题。

市科协及各专门学会结合当前生产，在年内组织200次技术讨论会、现场会、技术考察团、技术表演，以加强新技术新产品的总结、鉴定；大力协助推广各项先进经验，特别是要积极配合推广科委及各专业局所确定的重点推广项目。有重点地配合解决方向性、关键性的重大科学技术问题，组织好几次若干专业“联合作战”的活动。

基层科协要很好地巩固和发展各种技术研究小组，协助党和行政广泛开展群众性的研究活动，攻克生产中的关键技术问题。人民公社中科协组织应该注意结合丰产方、试验田的工作，在党的领导下，组织老农和青年开展各种实验研究活动。

二、认真贯彻中央关于加强业余教育的指示，以举办各种短期的训练班、学习会、系统讲座为主要方式，配合有关部门大办

业余技术教育。科协组织要层层办。年内市科协及学会要协同有关部门办10个业余技术大学，办70个训练班、学习会和系统讲座，编印出20套教材讲稿。区县科协、基层科协更要广泛地办。

对于行政部门举办的各种业余技术学校，各级科协要积极配合，要发动会员挖潜力，挤时间积极参加教学和编审教材的工作。

三、继续贯彻“百花齐放、百家争鸣”的方针，大搞理论研究活动，积极开展学术讨论、学术报告。

各专门学会在年内普遍举行年会或学术论文的讨论会。积极配合有关部门结合生产举办各种专题性的学术会议50次，交流科学技术成果，进行学术探讨。同时，还要组织好在京、来京的外国专家的报告和学术交流。

活动中要提倡学术上的自由争辩，开展对资产阶级学术思想的批判；要重视培养工农专家和青年新生力量。

四、加强科学技术知识的普及活动。

要进一步密切与文化宫、工人俱乐部、文化馆（站）、图书馆、广播电台和电视台等各方面的配合，充分利用各种现代化的宣传工具和文化活动阵地来进行科学技术知识的普及活动。除上述的技术训练班、讲座外，还要广泛组织各种科普讲演、展览、图片、电影、幻灯等活动。特别是要加强科教电影的工作，年内组织编写科教影片脚本20部，协助文化部门组织科教影片的发行放映工作。

配合共青团、教育部门及少年科技馆、少年之家等大力开展青少年科学技术活动，把向青少年普及科学技术知识作为各级科协组织的一项重要工作。协助组织一批技术指导力量，并帮助提高辅导员的科学技术水平。在6月1日配合共青团举行一次少年科技活动积极分子的大会和少年科技活动展览会。

五、加强报刊资料工作。

提高科学小报质量，努力扩大北京的发行量。要更紧密地配合本市当前的技术革新和技术革命运动，并编得更加生动活泼、丰富多彩，更加通俗化。争取正式扩大为六版，并积极准备条件改为周双刊。

配合工农业生产的需要，市科协编印科普宣传资料 200 篇，并发动学会编写各种科学技术小册子及学术论文汇编 30 种。

六、进一步办好天文馆。除继续普及天文知识外，要扩大有关宇宙航行的科学技术知识的宣传。努力提高宣传活动的思想性、科学性和艺术性。

1. 改进天象厅的表演，编写并上演六个新节目。全年上演 1900 场，有计划地组织观众来看。并有重点地到工厂、人民公社作巡回宣传活动。

2. 加强天文爱好者的活动。组织天文爱好者观测星座、变星、流星等；为天文爱好者举办讲演、天文晚会；组织天文爱好者制作望远镜和简易的仪器。

3. 提高“天文爱好者”双月刊质量，准备在“七一”改为月刊。编写系统的星际航行、天文基本知识等方面的讲稿和小册子，绘制天文参考图集等。

4. 作好人造卫星观测站的工作。在原来光学观测的基础上建立照相观测、光电观测和射电观测。

七、加强组织建设，在技术革新和技术革命群众运动中，巩固和发展组织。

1. 进一步健全学会理事会，加强学会与有关部门的配合，积极主动地依靠有关业务局党组织的领导；基础学科的学会由于没

有相应的业务局，则依靠有关高等学校党组织领导。

2. 在区县党委领导下，加强区县科协的工作，结合区县工农业生产，积极开展各种群众性的科学技术活动。

3. 加强厂矿和人民公社的基层科协工作；总结和推广基层科协工作的经验；根据工作需要，在党委的领导下，积极地稳步地发展科协组织；将原有的基层科普组织转为基层科协或学会的基层小组。

当前形势逼人，科协工作极需加强。我们希望能在今年"五一"前后召开市科协第一次代表大会，把市科协正式成立起来；并希加强市科协干部的配备（配备专职党员秘书长一人和骨干若干人）。为了加强党的领导，市科协的党组也需尽速建立起来。

以上当否，请予批示。

市科协筹委会党员领导小组

60年4月7日

1960年北京市科协工作简报（第21期）

（1960年8月18日）

北京市科协筹委会编

积极展开蔬菜科学技术活动，成立市蔬菜学会

（一）

7月19日至22日，我们配合当前群众性的种菜运动，与市蔬菜生产办公室、市农业科学研究院蔬菜研究所三个单位共同召开了“秋菜生产技术经验交流会”。到会的有远近郊区（县）、公社的技术干部、丰产单位代表，以及有关的中央、市级领导机关、大专院校和科研单位人员，共300余人，会议历时三天半。会上贯彻了市人委的秋菜增产技术措施，交流了防治大白菜三大病害（孤丁、霜霉、毒素）的经验；交换了优良品种。会上15个代表的发言，从各方面介绍了他们几年来研究蔬菜增产及防治病害的具体经验，并提出了今后的研究方案。代表们对这些报告很感兴趣，表示回去后要学习这些经验，开展研究工作，深入地贯彻市委关于增产蔬菜的技术措施，为夺取今年秋菜的大丰收而努力。会后三个单位还合编了“科技参考资料”的蔬菜专号，发到各郊区公社的生产大队（管理区）。

（二）

在这次会议上，成立了市蔬菜学会。

蔬菜学会是从园艺学会蔬菜组改组扩大的。这次推选出市蔬

菜生产办公室副主任袁平书、市蔬菜研究所所长朱明凯和农大园艺系讲师陈正华三人为正副理事长，并在原有蔬菜组的基础上，新增选了10名理事。这些理事多系郊区农业部门的技术人员和生产能手。

市蔬菜学会成立后，立即投入了争秋夺菜的生产高潮，积极展开活动。最近为工厂、机关、部队、学校作了大白菜、萝卜栽培技术的报告会7次，听讲人数约2000人次。因为内容切合市民种菜的需要，及时、实用，反映较好。

理事会还制订了今年下半年的活动计划。已初步安排的四个项目是：

1. 大白菜、萝卜的丰产栽培技术：拟组织三次经验交流会，7月下旬一次，9月上旬一次，这次主要交流后期管理经验；第三次在11月初，主要进行整个生长期的经验总结、验收丰产方。

2. 大白菜三大病害防治：拟在召开秋菜种植、管理和丰产经验的交流会上，同时交流三大病害的防治经验。并重点研究软腐病的防治方法，以昌平镇、卢沟桥公社三路居大队、门头沟公社及北京农校四处为试验点，经常观察、记载，如防治效果好，生长后期拟组织现场会总结、交流经验。

3. 蔬菜机械化问题，拟与农机学会蔬菜机械化专业组协作，吸收老农参加，提出蔬菜机械固定型号和机具优缺点的建议。

4. 氨水施肥问题，拟在8月下旬召开一次现场会，推广施用经验。

1960 年北京市科协工作简报（第 30 期）

（1960 年 12 月 30 日）

北京市科学技术协会编

少年科学俱乐部活动简报

北京市科协和北京天文馆在 12 月 21 日至 25 日在北京天文馆试办了一次“少年科学俱乐部”，以摸索在当前劳逸结合的精神下开展青少年科技活动的经验，5 天中进行了 6 次活动（每日下午 2：30—4：30，25 日星期日上午增加一次 9：00—11：00）。结合教学进度安排了天文、地理、物理、生物、农业、新技术等 6 个不同内容。用报告会、科技电影和小型展览等形式进行活动。21 日“从星球上回来的人”（天文馆李杭讲）电影《星际旅行》；22 日“电和电力的应用”（东城师范赖中生讲）电影《无形的波浪》；23 日“祖国风光”（86 中张果中讲）电影《从阿拉木图到兰州》；24 日“动物的知识”（女三中毛玉祺讲）电影《在西双版纳密林中》；25 日上午“一般室内蔬菜的栽培”（市蔬菜所朱明凯讲）电影《大白菜的软腐病》《国营蔬菜农场》，下午“原子能和半导体”（女三中蔡士芳讲）电影《原子能的和平利用》。

此次活动根据自愿原则，未到学校去组织群众，只在天文馆票房凭红领巾及学生证自由领票。每场 400 张全部发完，5 天来参加活动的约有 2300 人左右，其中绝大部分是红领巾，多数是小学五年级至初中一年级的学生，也有成年人和更小一些的孩子，有的同学 6 次活动都参加了。

参加活动的多是天文馆附近的中小学校的学生，也有远从东城跑来的同学们，均系自动前来领票，每次领票的队伍都排得很长，票发完时，有的就跑回学校去开了介绍信来要求入场。据展览路一小二班同学张克平、梁凯、韩世安说：“劳逸结合了，做完功课哪儿也没处玩，挺没意思，这会儿可有地方好去了，到这儿来又听报告又看电影，多好，多有意思呀！”北京铁道学院附中初二班同学赵同禄一连6次活动都参加了，他说：“我很喜欢这样的活动，它使我长了不少新知识。”这些同学都要求继续办下去，在寒、暑假都办。据住在中南海的家长反映也赞成这样的活动，使孩子们有个地方能进行有意义的科技活动，做父母的在家里也放心了。

活动时，凡内容生动、语言活泼、符合孩子们对科技知识的幻想并有形象展览、时间短而内容突出的，孩子们很欢迎，颇能注意听讲，秩序较好，反之，孩子们不大专心，秩序有些散乱。

此次试点活动，深受孩子们的欢迎，今后拟继续试办搞这项新型的阵地活动。

1962年北京市科协工作简报（第8期）

（1962年5月3日）

北京市科学技术协会编

苹果食心虫问题座谈会简报

北京市昆虫学会于4月17日举行了果树食心虫问题的座谈

会。参加会议的有：北京农业大学植保系、北京大学生物系、北京林学院、中国科学院动物所、中国农业科学院植保所和北京市果树研究所等单位。会上，北京农业大学黄可训教授首先介绍了国内苹果食心虫研究现况及防治上存在的问题，并就今年苹果食心虫的研究计划及今后研究方向提出讨论。他讲到，由于近几年的研究，苹果食心虫的基本发生规律已经初步摸清，并在防治上有了一套办法，对苹果生产起了重要的保证作用。但是，随着生产的发展，以及在目前药械供应不足和劳力比较紧张的条件下，如何进一步提高防治功效和减少地面撒粉和树上打药的次数，这是当前生产上给我们提出的新的要求。他提出如何在防治中争取更主动，应该在已有的基础上深入研究苹果食心虫数量变动的规律，加强中长期测报的办法，从而找出指导防治的具体指标。

在讨论中，着重就今后食心虫的研究工作交换了意见。北京大学林昌善教授指出，为解决种群数量变动的规律，也有必要从食心虫的休眠与寄生植物的营养关系以及是否存在一化型和二化型等生理和生态问题方面深入研究。会上并对一些研究的具体方法和措施展开了议论。中国科学院动物所研究员马世骏先生就越冬幼虫密度调查方法以及如何确定防治指标等方面提供了具体意见。

北京农业大学樊维钧先生根据过去他参加桃子食心虫研究工作的经验指出，根据卵数量消长与被害率以及在不同果实生育期果内幼虫的成活率等相互关系中，完全有可能在比较短的时期内，提出防治的指标。

通过这次座谈会，大家一致感到收获很大，对今后如何进一步开展果树食心虫的研究起了积极推动的作用。

1963年北京市科协工作简报（第5期）

（1963年8月29日）

北京市科协秘书处编

北京市化学化工学会改组为化学会、化工学会

几年来化学化工学会的活动，在普及和提高方面都有了发展，特别是结合生产的活动有较大进展，工作是很有成绩的。但这两个学科的范围较大，任务很重，并在一个学会中，工作有一定困难。为了更加广泛深入地开展活动，把工作做得更全面、更细致，化学和化工方面的科学工作者，要求分开为两个学会。

今年7月14日召开了学会会员代表大会。化学化工界科学工作者对此十分重视，在两天会议期间，热情很高。参加开幕式的代表、来宾和会员共有800多人。会议总结了几年来的工作，确定了今后分为两个学会以后的工作任务。化工部张珍副部长亦曾到会祝贺并作指示，对与会者给予很大鼓舞。大会最后选出了化学会理事26名，化工学会理事39名。

会后化工学会于7月19日召开了第一次理事会，讨论了理事的分工和组织机构问题，决定在理事会下面设立学术、组织及普及三个委员会，并成立化学工程、高分子材料、石油及石油化学、无机物工艺、皮革、煤气、造纸、食品等8个专业组，分别负责组织各专业的学术活动，并已确定各组负责人。理事会上推举了学会的正副理事长、秘书长。理事长谢为杰（化工部生产司副司长）；副理事长胡体照（市化工局副局长），魏文德（化工研究院副院长），陈冠荣（化工设计院副院长）；秘书长孙一涛（市化工研究所副所长）；副秘书长孙侃（市化工局技术处副处长），毛颖心（化工部技术司工程师）。目前正在拟订计划，准备积极开展活动。

化学会因部分理事最近到青岛出席中国化学会年会，第一次理事会准备在今年9月份召开。

北京市科学技术协会第一届代表大会以来的工作情况和1964年工作任务

（1964年2月10日市科协第一届委员会第二次会议通过）

一

1963年7月底召开市科协第一届代表大会以后，全市各级科协组织和各学会认真传达贯彻了代表大会的精神，并按照大会确定的方向积极开展了活动。短短六个月以来，随着全市工农业生产和科学实验革命运动的蓬勃发展，科协和学会的工作开始出现了一个新的跃进局面。学术活动空前活跃，特别是为生产服务的活动，迅速发展，学术空气更加浓厚，各种科学技术普及活动也在一个前所未有的广泛规模上开展起来。

各学会结合生产举办了180多次学术讨论和技术总结、交流、考察活动，并组织了300多次学术报告。市作物学会、畜牧兽医学会，配合全市种麦、养猪会议，组织了科学技术工作者反复研究，提出了综合技术措施建议。特许是小麦的技术措施建议，是

在较系统的技术考察和学术总结的基础上提出的，内容充实，受到领导重视。这些建议印了一万多份，发至生产队，对指导基层生产起了积极作用。平谷县门锣公社南庄岱大队，采用学会的建议，改进了栽培管理方法，去年小麦比前年增产了50%。最近，配合全市召开农业科学技术会议，有关农业的学会，在两个星期内就连续召开了一系列学术讨论会，提出了水稻、玉米、小麦、蔬菜、果树、养猪以及防治玉米螟等20个增产措施建议。市电机学会配合中国电机学会，召开了农村电气化的学术会议，结合京郊的实际情况讨论了有关农村电气化规划、电网设计与运行，农村电器与用电设备等方面的问题，交流了经验。该学会热化组还专门讨论了热化技术的发展问题，对国家科学技术发展十年规划提出了补充内容的建议。市机械工程学会召开了焊接专业学术会议，重点讨论了焊接结构的强度与脆断问题，研究了影响焊接结构脆断的原因，对各种脆断实验方法做了分析比较，并对加强这方面的研究工作提出了建议。医药卫生各学会的许多会员，和广大医务工作者一起，积极响应党的号召，到河北省灾区，进行防治疾病的活动，做出了出色的成绩。

半年来，各学会共召开了12个年会，提出了1541篇论文，不仅论文的数量比往年增加了，而且水平也大有提高。纺织学会年会结合宣读论文，针对当前生产上的一些关键问题，如印染的染色条花的产生原因，针织的聚酰胺纤维染色和染料的选择问题，化学纤维混纺中的静电问题等进行了深入的讨论，摆出了各种不同的看法，自由争辩，收获很大。地质学会年会检阅了“大跃进”以来北京地区的研究成果，青老科学工作者交流了经验，讨论了北京及其邻区各种地质问题，并到周口店、下马岭两地进行了地质旅行，在野外做了实地观察和讨论。医学会的年会更是成果累累，共汇集了800多篇论文，在城乡发病的预防治疗和实验研究上都有许多新的成就，如预防麻疹、治疗肺吸虫病等都获得了特效。

除了召开集中的年会以外，各学会还举办了多种形式的学术交流。数学会的函数论、代数、计算数学、微分方程等几个专业组长期坚持每月或双周的学术报告和座谈，内容有多年研究成果的系统综合报告，个人现阶段的研究心得，文献资料的评述等，这些活动畅通了学术交流，活跃了学术空气。自然辩证法学会还组织了自然科学工作者与哲学工作者相结合，讨论了控制论和医学、力学、地质学中的一些哲学问题。医学会在配合提高医疗质量方面，举办了多种多样的临床学术交流活动。各科的临床病理、病例讨论共进行了10次。为了配合制定传染性肝炎的诊断标准，检验学会举办了肝功能正常值的讨论。对计划生育问题，妇产科学会等组织了避孕环的临床应用、人工流产、女子绝育等问题的座谈。外科学会等还协助编订了输精管结扎术操作规程。

配合大中学教学的活动，也有了进一步的开展。物理学会在高等学校教学方面，分讲课、实验、习题三个组进行了各种专题的研究活动。讨论了实施教学大纲中如何精选讲课内容，贯彻少而精的原则；交流了物理实验教学方式方法；研究了习题课的目的、要求及与讲课的关系等问题；并准备在两年内编写出一份较详细的教学参考资料。中学教学方面，物理、电子学会与教师进修学院合办了无线电系统讲座，提高中学教师无线电基础的水平。地理学会中学教学专业组举行了第二届年会，针对北京市中学地理教学中的主要问题进行了讨论。

为了培养技术人才，半年来各学会举办了29个系统讲座和学习班，共讲授了192次，如畜牧、兽医、植保、焊接基础、工

业废水处理、高分子化学、金属加工硬化理论、实验应力分析等系统讲座和护士在职业务学习班等。由于讲课内容充实，能结合实际工作的需要，讲员大多是水平较高、富有经验的科学工作者，讲课效果好，受到广大学员的欢迎，听讲的人十分踊跃。化工设计院的同志听了化工原理讲座以后，在院内传达了讲座的全部内容，推动了院内的业务学习。

青少年的科技活动也更为活跃起来。除了原有的数学、物理、无线电、化学科技小组外，又新建立了生物小组，并在教育局的大力支持下，筹建了无线电实验室、生物实验室，为小组的活动开辟了新的园地。举办了半导体收音机业余制作评比和业余无线电测向竞赛。青少年活动已日益引起广大科学工作者的关心。物理学会正试办物理竞赛，物理学家钱三强热情地为青少年做了“谈谈物理学”的报告。数学家华罗庚倡议为青少年成立数学俱乐部，学会正在积极筹备。

基层的科学技术普及活动有了很大的开展。各郊区县科协为夺取农业上的更大丰收，配合区县领导大抓了样板田，并举办了科普讲座、展览、电影、技术夜校、冬训和各种技术考察、技术讨论等活动。目前，农村中出现了一批群众性的科技小组，在进行科学试验和普及科学等方面进行了很多活动。如顺义县的木林公社荣各庄大队的老农和知识青年 20 多人，在坚持了多年试验研究的基础上，成立了科技小组，他们在 8 年内培育出 12 个玉米杂交种，比当地一般玉米品种增产 25% 以上，通过普及与推广应用以后，大队粮食产量逐年上升，去年产量已比 1956 年增加了一倍。北小营公社北府大队的科技小组，组织青年学习了有关土壤学、肥料学、耕作学、作物栽培、遗传选种等技术课程，调查鉴别了全村土地的土壤物理结构和化学性质，进行了土壤改良的试验，推广使用了作物的十个新品种和合理施用化肥的方法，促进了生产。许多区县科协组织加强了对这些科技小组的指导。各有关学会也面向农村，开展了各种技术上门的活动。市农机学会在中国农机学会直接领导和帮助下组织了一支由领导干部和工程技术人员、老技工三结合的农机技术服务队，到顺义县进行技术指导和普及宣传，针对北京当前拖拉机使用和修理中的技术问题，采取了技术讲授、操作表演、座谈讨论、技术问答等方式，配合放映电影，传播了一批先进技术经验，解决了许多技术难题，很受群众欢迎。作物、畜牧兽医、植病等学会还组织了一些科学技术工作者，有重点地深入农村向农民通俗地讲解科学技术，农民从四处赶来听讲，认为是“毛主席派来专家，把技术送上门”，非常感动。

科学普及视野也有所加强。年底恢复了科学小报的试刊。组织了科普小丛书和各种科普资料的编写工作。农业技术参考资料已编印至 25 期。编制了安全用电、畜牧、兽医、计划生育等展览、挂图、幻灯片。去冬组织了 107 部科教电影片配合冬训下乡放映，在三个县举办了科教电影周。大兴县定福庄公社放映防治玉米螟的影片时，十里以外的社员都赶来观看，有的社员看了回去就动员大家烧玉米秸，还说：“今年不等玉米长高，就撒药（颗粒剂）！”天文馆的活动有天象厅表演 601 场，电影 541 场，天文普及讲演 53 次。

组织建设工作方面，开始着手了整顿和建立郊区县科协的组织。原来曾建科协组织的县区，有的已建立了学组。大兴县、朝阳区还召开了科协代表大会，正式成立了县区科协。大兴县科协已成立了 12 个学组，发展了 180 名科协会员。下半年正式成立了电子学会、造船学会，新建了煤炭学会筹委会。改选了土建、

地质、地理、昆虫等学会的理事会。发展了400名学会会员。

目前全市的科学实验革命运动正在广泛深入地开展。第一届代表大会以来科协的工作虽然取得了不少成绩，但与整个科学技术形势发展的要求相比，尚相距甚远。主要的问题是：

1. 领导思想落后于形势。对毛主席关于三大革命运动指示的深远意义认识不足；对于广大科学技术工作者在科技活动上的积极性和工农群众学习科学技术的迫切要求也估计不足。因此，对工作的领导不够有力，未能推动科协组织紧紧跟上整个科学实验革命运动发挥更大作用。

2. 对业已广泛开展起来的学术活动，重点抓的不突出，不深入，有的活动质量还不高，活动成果还未能充分发挥应有的作用；对培养科学技术队伍的工作还抓得不紧，特别是对生产战线上初级技术人员的培养，做得较差；基层的科学技术普及活动，开展得还不够。

3. 组织建设跟不上活动的需要，组织作用发挥得不够充分。区县和基层的组织建设十分薄弱，整顿和建立组织的工作，进展迟缓。有的学会的领导机构仍不健全，理事会的领导作用发挥不够。有大批够会员条件的科技工作者要求入会，没有及时地做好发展工作。与会员联系不够密切，广大会员的积极性调动得还不够充分。

二

1964年北京市科协必须在党的领导下，在毛主席思想和总路线、“大跃进”、人民公社三面红旗的指引下，继续坚决执行以农业为基础、以工业为主导的发展国民经济的总方针和调整、巩固、充实、提高的方针，深入贯彻科学技术工作的各项方针政策，根据科学技术支援农业，解决吃、穿、用问题，加强基础理论，突破尖端技术的基本要求，发扬艰苦奋斗、勤俭建国、自力更生、奋发图强的革命精神，进一步调动首都科学技术工作者的积极性，广泛深入地开展科学技术活动，为首都和国家的社会主义建设服务。

要认真学习“大庆”的革命精神和工作经验，以学“大庆”为纲，推动科协组织进一步革命化，更好地在生产斗争、阶级斗争和科学实验三大革命运动中发挥积极作用。

1964 年要集中主要力量，以为生产建设服务、培养科学技术队伍和加强基层科学普及为重点，狠抓以下六项主要工作：

（一）深入开展为生产服务的学术活动。

各学会要结合本学科的特点面向生产，配合国家科学技术发展十年规划，和北京市科学技术研究的重点任务，有计划地开好一批为生产服务的专业学术会议，抓深抓透。农业方面，要着重围绕：争取京郊粮食大面积增产和相应提高经济作物产量；发展以养猪为中心的畜牧业和蔬菜生产；充分、合理利用北京市自然条件和土地资源，综合发展山区建设；进一步提高水利化、机械化、电气化和化学化的水平等任务，开展活动。工业方面，要结合当前增产节约和技术革新运动，以质量、品种为中心，并结合北京市工业逐步向“高级、精密、尖端”发展的方向，重点地加强半导体、精密合金、精密机械、仪器仪表、石油化学等方面的活动。城市建设方面，要加强新材料、新技术、建筑工业化和城市煤气供热等方面的活动。医药卫生方面，着重围绕防治危害人民健康的主要疾病如结核病、痢疾、麻疹等，及职业性疾病，进行活动，并大力开展计划生育和研究祖国医学遗产的活动。对于具有综合性的重大课题，还要有重点地组织多学科多专业的联合会战。

市科协要配合市科委打好全市在科学技术战线上的两大歼灭战。一是大抓小麦。围绕实现京郊100万亩水浇小麦丰产的任务，组织种子、栽培、植保、水利、农机各方面的科学技术工作，有系统地进行技术考察，开展技术讨论，提供综合技术措施，协助解决技术关键问题，把学术研究和指导总结2万5千亩小麦样板田的工作结合起来。二是抓半导体。组织无线电、物理等方面的科学技术工作者，开展一系列的技术讨论和交流，协助过好技术关、工艺关。同时，要积极为中央部门服务，推动市学会配合中央部门生产建设的重点任务，积极开展活动。

结合生产的专业学术会议，要根据实际需要情况，搞技术建议，使学术讨论的成果能够向领导上反映，在生产中发挥实效。搞建议要有目的、有重点，针对关键问题；要有科学态度，把建议建立在扎扎实实的试验研究、调查总结和自由讨论的基础上。提倡敢于讲老实话，敢于坚持科学真理。市科协要认真负责地向有关领导部门报送学会提出的技术建议，了解有关领导部门研究、采纳的情况，遇有新的问题，继续组织学会讨论，再提建议，抓到底。

（二）开好学术年会，加强学术理论活动。

根据首都和国家科学技术发展的长远要求，结合北京研究机关、高等院校集中的特点，各学会的学术理论活动，还要进一步加强。要结合各单位科学研究的进行，有计划地组织基础学科和技术学科的各种基本理论问题的讨论，总结交流科研成果（包括尚在进行过程中的初步成果和心得），介绍国内外的学术情报、动态，摸水平、摸问题，探讨科学技术的发展方向，对科研规划提供建议。结合高等院校和中等学校提高教学质量的要求，还要加强教学经验的交流，组织结合教学内容的学术讨论。

认真把年会开好，更好地总结交流和检阅首都的科学研究成果，迎接建国15周年。结合年会，进行论文评选，鼓励互相学习，力争先进。年会要有中心，除了宣读论文外，还要深入地讨论一些问题。为了使年会内容更为集中，提倡开一些专业性的年会。通过今年的年会，把大多数学会的年会制度确定下来，以后定期举行。医学会还要把传统举行的临床病理和病例的讨论活动，更有系统地进行，提高讨论的学术水平。各学会对全国性的学术会议，要力争选拔出一批水平较高的学术论文参加会议，结合准备和传达全国性学术会议，来推动北京的学术活动。今年全国学会有45个学术会议在北京召开，要充分利用这个有利时机，虚心地向外地学习，更好地应用全国学术会议的资料、成果，扩大影响。

年会要和经常性的学术交流活动相结合。一方面依靠经常性的学术交流活动，积累成果，为集中的年会作好学术准备；同时也要通过年会，带动经常性的学术交流活动更广泛地开展。为了满足不同水平、不同岗位会员的多种要求，必须利用多种形式，创设各种机会，经常畅通学术交流。对高级研究人员的活动，要积极予以安排。

各种学术会议都要注意抓成果。要有计划地编印论文集。对于会议上反映出来的有学术价值的新苗头、新问题和重要的见解，要整理出纪要或简报，向有关方面反映，供研究参考。有重点地支持学会编印一些学术情报资料。试办“电工”“供热技术”“制冷”“超声论丛”“心理学通讯”等内部刊物。

（三）大抓学会办学，开展科学技术业余教育活动，培养科学技术人才。

建设一支又红又专的科学技术队伍，是科学技术战线上的一

项战略任务。科协要充分发挥组织作用，组织力量，配合有关部门，积极举办各种科学技术业余教育活动。首先，要充分发挥学会的作用，学习上海、天津等地的经验，大抓学会办学。

1. 大力举办以中专毕业以上程度的科技人员为对象的专业进修班和业余大学。北京市生产部门中专毕业的技术人员为数极多，他们大部分是基层的技术骨干，提高这批人员的水平，对北京市生产的发展，有重要意义。因此要大力加强对这部分人的培训工作。有重点地推动机械、化工等学会办好业余学院。农业方面，试办畜牧兽医等业余学院。业余学院采取办专业进修班的办法进行，单科结业，专业速成。讲授内容既要坚持一定的理论系统，又要结合实际需要重点突出，贯彻理论联系实际的方针。要有一定的考试、考勤制度，和一定的辅导、实验活动，保证学习质量。

2. 继续办好以大学毕业以上程度科技人员为对象的系统讲座，帮助青年科学研究人员、教学人员、工程技术人员、医师等，练好“基本功”，加强业务进修。这些讲座，除了讲授基本理论外，还要介绍一些国内外科学技术新成果，和先进的试验研究方法。要组织具有较高水平的专家担任讲员，加强调查研究，提高讲授质量。编印讲义，帮助学员更好地自学、复习。

3. 有重点地举办以工农技术骨干为对象的技术培训活动。继续与工会、文化宫合作，办好技工学习班。组织农科各学会的力量，联合农林局、广播电台等，举办以初中毕业程度的农村知识青年为对象的农业技术广播业余学校。

科学技术业余教育活动，要层层举办。除学会办学外，区县、基层科协也要和有关部门密切配合，举办以初级技术人员和工农群众中的技术骨干为主要对象的各种系统讲座、技术学习班、业余技术学校等。农村科协组织还要利用农闲时间，配合农业、教育等部门，把冬训办好。

（四）大力加强区县和基层科协的工作，使科学技术普及活动在基层扎根。

1. 首先要把郊区县科协工作加强起来，广泛深入地开展科学技术普及工作。配合郊区农业增产的任务要求，大力普及有关种子、合理灌水和施肥、栽培管理、防治病虫害（以玉米螟为重点）和畜禽疫病（以猪瘟为重点）等科学技术知识，因地制宜地推广应用，把普及现代科学技术知识与总结推广群众的实践经验结合起来。同时还要普及讲卫生、计划生育和有关破除迷信的科学知识。区县科协要一手抓学组，一手抓基层。运用学组把区县的主要科学技术人员，按专业组织起来，开展总结交流和普及活动，促进技术协作；并通过学组与市学会联系挂钩，取得市和中央单位在科学技术上的支持。在人民公社、国营农场逐步建立基层科协。大力巩固和发展大队和生产队的群众性的科技小组。通过科技小组，组织基层干部、老农、知识青年相结合，开展试验研究和技术学习，并向广大群众普及科学技术知识。科技小组是基层领导干部指挥生产、搞样板田的技术参谋和得力助手，也是群众技术骨干学习技术的良好园地，又是科研单位和技术推广机构在生产第一线上技术扎根的落脚点。农村科协组织应把组织推动科技小组的活动作为自己的重要工作，加强对科技小组的技术指导，组织会员在小组中起骨干作用。

2. 逐步把城区科协恢复、建立起来。建立和加强厂矿基层科协，积极开展活动。同时，配合工会，发动组织技术人员，参加工业技术协作活动。

3. 市科协各学会在加强学术活动的同时，要面向基层，在科

学技术上支持区县和基层科协的活动，必要时，有重点地组织科技人员下厂下乡，进行技术指导和传授，总结群众技术经验。学会会员应成为基层科协活动中的骨干。

（五）办好科普事业，为开展群众性的科普宣传服务。

1. 发动各学会，组织科技人员，大力编写科普宣传资料和读物。集中主要力量办好一个报纸、两套丛书。办好科学小报，努力做到密切结合生产，科学性强，文字通俗，形式活泼；扩大在本市的发行。编好农业技术小丛书和自然科学小丛书，在保证质量的前提下，加速编写进度，争取年内出 20-30 本书。此外，还要继续编好“农业技术参考资料”，扩大发放范围。编写蔬菜技术小丛书、青年数学小丛书和其他各种通俗小册子。把《天文爱好者》月刊办得更生动、更通俗。

2. 更好地组织电影、广播、展览的科普宣传。协同文化部门有计划地组织科教片下乡，巡回放映；在农村举办农业科教片展览；组织城区的科教片专场放映。积极为广播电台、电视台和农村广播站编写广播稿，充实科普宣传内容。年内有重点地组织植保、化肥、畜牧兽医、安全用电、计划生育五套展览，下乡展出。在市内还要举办模具展览、半导体展览等。推动区县和基层因地制宜地举办各种小型科普展览；为基层编制和组织供应各种群众喜闻乐见的挂图、画片。

3. 加强天文馆的工作，充实馆的活动内容，提高质量，并组织力量送货上门，为基层举办讲演、观测活动。

密切与文化宫、俱乐部、文化馆站、图书馆的配合，组织科技力量，协助他们扩大对群众的科普宣传。

（六）积极开展青少年的科学技术活动，培养科学技术后备力量。

青少年科学技术活动，对于启发青少年钻研科学技术的兴趣、扩大他们的科学技术知识领域、促进学习质量的提高和选拔培养人才，有着重要的意义。市科协及各学会要继续发动和组织高等院校、科研机关的力量与广大中学教师的力量相配合，协同教育行政部门和共青团，积极开展活动。

1. 以高中学生的科学技术爱好者为主要对象，继续举办数学、物理、化学、无线电、生物等科技小组，并增办地质、天文小组。提高讲课质量，加强辅导工作。

2. 举办数学竞赛、无线电（以半导体为重点）制作评比竞赛，在几个中学中试办物理竞赛。举办青少年科技作品展览。继续组织科技参观和科普报告。

3. 充实和发展活动阵地。办好无线电实验室和生物实验室；建立物理实验室、数学俱乐部和天文爱好者观测站。协助少年科技馆和其它少年校外活动据点，组织和培训科技辅导力量，充实科技活动内容。

三

当前形势大好，科学技术工作者和广大群众的积极性空前高涨，科协组织如何在这个新的形势下，完成自己所面临的艰巨任务，当好党的助手，关键在于科协组织革命化，把“大庆”的精神学到手，贯彻到各项工作中去。

（一）高举毛泽东思想红旗，实行政治挂帅，做好思想工作。

科协、学会的一切工作和活动都要以毛主席的思想为指导。在开展学术活动和科普活动过程中，要了解科学技术人员的思想动态，细致地抓思想矛盾，结合活动进行思想工作，促进科学技术人员政治、思想水平的提高。当前，首先要结合活动，把毛主席关于三大革命运动的指示精神，贯彻得深入人心，充分调动科

学技术工作者的积极性，促进科学实验革命运动更加广泛深入地开展起来。要发扬在科学技术上“敢想、敢说、敢干”和“严格、严密、严肃”的作风，把革命精神与科学态度结合起来。提倡科学技术工作者深入实际，联系群众，树立和巩固辩证唯物主义的世界观。发扬共产主义协作的精神，互相帮助，互相支持。提倡刻苦钻研，虚心学习，反对骄傲自满，故步自封。各级科协组织在工作中都要狠抓典型，树立先进旗帜，推动学会之间、基层科协之间、小组之间的比、学、赶、帮，鼓励争先进，争上游，把工作做得更好。

（二）狠抓质量，提高水平。

要在广泛开展活动的基础上，努力提高活动质量。科协和学会的活动是科学实验革命运动的一个组成部分，必须本着对社会主义事业负责、对广大科学技术工作者负责的严肃精神，切切实实地讲求质量。各项活动都要加强调查研究，从实际出发，有的放矢，注重实效。要加强活动的计划性。活动的安排要重点突出，统筹兼顾，既能集中主要力量为生产建设和科学技术的重点任务服务，又能适当满足会员和群众在科学技术上的多种多样的要求。重点活动必须周密准备，细致组织，在科学技术上搞深搞透。要加强活动效果的检查，认真总结经验教训，不断改进工作。每个科协委员和学会理事，都要结合自己的工作，深入抓一个组织（学会、专业组或区县、基层科协等）或抓一、二项活动，取得第一手资料，以便更好地总结经验，指导工作。

为了更好地交流经验，推动工作，提高质量，市科协在年内拟召开三个工作会议：（1）第二季度召开学会工作会议；（2）第三季度召开郊区县科协工作会议；（3）第四季度召开厂矿科协工作会议。

（三）加强组织建设，发挥组织作用。

作为社会主义的科学技术群众团体，要使自己的组织有战斗力，就要能充分发挥组织作用。为此，必须做好组织建设工作。目前科协的组织建设还跟不上活动的发展，必须大力加强。首先要把建立、整顿区县、基层科协的组织工作做好，克服组织上的薄弱环节。建立和健全区县、基层科协委员会；积极稳步地发展会员。基层建立组织，要结合活动的开展来进行，建立一批，巩固一批，要做得扎扎实实。学会的组织建设也要加强。上半年要进行一次学会会员调查登记。积极发展学会的新会员；加强与会员的联系。进一步加强理事会、专业组和其他工作机构（如学术、普及、组织、编辑等委员会），特别是要健全理事会的领导核心，更好地发挥理事会的领导作用。

同时，要建立和健全各级组织的工作制度。首先，要加强工作的责任制，明确分工负责。其次要健全会议制度，有准备地把会开好，有效地推动工作。还要建立学术档案制度，更好地积累和运用学术成果。

（四）贯彻群众路线，民主办科协，民主办学会。

首先要在学术上充分发扬民主，认真贯彻“百花齐放、百家争鸣”的方针。进一步提倡学术上的自由争辩，使各种不同见解、不同观点的人，都能畅所欲言，各抒己见。同时，提倡结合科学实验和生产实践的结果，进行科学分析，把自由争鸣建立在实事求是的基础上。

在工作上，也要充分发扬民主。各级科协和学会的领导人员，都要密切与广大会员的联系，倾听他们的意见和要求。制订工作计划要征求会员的意见；重大的工作问题，也要经过民主讨论。各级科协委员会和学会理事会都要定期向会员或会员代表报告工

作，定期实行民主改选。各项工作要放手发动大家来办，依靠大家出主意，大家动手。

（五）加强机关工作，提高机关的战斗力。

加强社会主义教育，加强学习，提高干部的政治觉悟和业务水平；科学地组织干部力量，领导带头，深入实际，深入活动第一线，抓住重点，打好歼灭战；健全工作制度，改善组织管理，提高工作效率；在勤俭办科学的原则下，努力改善活动条件，做好服务工作。开展机关内的“五好”评比，培养出革命的好作风，即：热爱党，热爱科学事业，热爱科协工作之风；实事求是，经常调查研究之风；联系群众，为群众服务之风；刻苦钻研，虚心学习之风；红专结合的四严（严格的要求、严密的方法、严肃的态度、严明的纪律）之风。同心协力，不断革命，把科协工作推向新的高峰！

1964年北京市科协工作简报（第32期）

（1964年3月12日）

北京市科协办公室编

市机械、电机、化工等学会积极办学，
正开办、筹办工业方面的系统讲座、专业进修班等51个

市机械、电机、化工等学会，最近积极开展办学活动。除继续举办各种系统讲座（主要对象是高校毕业程度的中级科技人员）外，还与有关业务部门共同举办各种专业进修班（对象大部分是中技校毕业以上程度的初级技术人员)，工人技术培训班。现正在开办和筹办的系统讲座、专业进修班、工人技术培训班已有51个，预计听讲学员可达8000人左右。

专业进修班一般是采取单科结业、专业速成、在职进修的办法，每周上课1-2次（每次一个单元时间)，每门课程5-6个月学完、结业。少数的进修班采取集中脱产学习的办法，半月或一月左右结业。工作由学会和有关业务部门协作进行。学会主要负责教学工作，由学会理事会或普及委员会领导和推动，进行全面规划。专业组具体负责拟订进修班的基本内容和要求，聘请讲员，并由讲员和有关人员组成教学领导小组（或教研组)，负责下列各项工作：(1）制订教学大纲、教学计划和教学日程安排；(2）拟订招生简章；(3）检查教学质量。具体教学工作（讲课、编写教材和辅导等）由讲员分工负责。对讲员给予适当的报酬。有关教务和学员组织工作，积极争取有关业务部门协助办理。如市机电局积极提出了本市机电系统生产情况和技术人员的情况，并派了一名专职干部负责机械、电机两个学会所办的专业进修班的招生、报名、讲员联系，上课、实习（或实验）地点的安排，学员的组织等工作。由于目前缺乏集中的场地，各班上课分别向有关单位借用场地，如“化工仪表及自动化”班上课就在北京化工实验厂，这样既解决了上课场地，也便于学员就近听课。经费除向学员适当收一些学费、讲义费、实验费（有实验的）外，由市科协补助。

目前，各学会开办和筹办的工作正在积极进行。许多学会都很重视这项工作，专业组的积极性也很高，已开办或筹办的班，多是由专业组负责同志亲自推动。被聘请的讲员也很热心，愿为培养科技人才贡献力量，主动协助制订教学大纲和教学计划，并

认真备课，力争早日开课和提高教学质量。学员对进修提高的要求极为迫切，例如，北京第二机床厂李香广等14位同志，听说学会要办专业进修班，就联名写信给市机械工程学会，要求开办“锻造”进修班。学会锻造专业组得知后就积极筹办。

附件一、各学会举办工业方面的系统讲座、进修班、培训班（64年第一批）；

附件二、模具热处理专业进修班招生简章〈略〉；

附件三、市机械工程学会精密机械加工专业进修班计划（草案）〈略〉。

附件一、各学会举办工业方面的系统讲座、进修班、培训班（64年第一批）

一、系统讲座

（主要对象是高校毕业程度的中级科技人员）

1. 气体制造	机械学会	（已开讲）
2. 冲天炉热工测量	"	
3. 设备维修	"	
4. 金属学	"	
5. 自动调节理论	电机学会	（已开讲）
6. 电磁测量技术	"	
7. 电火花加工	"	
8. 高分子物理	化学会、化工学会	（已开讲）
9. 高分子化学	"	
10. 炼油化学工艺研究中数据处理	化工学会	

11. 高压浸出技术	金属学会	
12. 离子交换	"	
13. 有机萃取	"	
14. 高等材料力学	力学学会	（已开讲）
15. 活性染料	纺织学会	
16. 电子显微镜	电子学会	
17. 电子电路	"	
18. 超声波（对象是中技毕业以上程度的技术人员）	"	
19. 电真空（对象是中技毕业以上程度的技术人员）	"	
20. 建筑装配化	土建学会	
21. 国外新建筑新技术介绍	"	
22. 建筑绘画技巧介绍	"	
23. 防水	"	
24. 给水系统	"	
25. 工业废水	"	
26. 建筑设计资料	"	
27. 建筑材料	"	（已开讲）
28. 建筑物理	"	
29. 中国园林	"	
30. 硅酸盐物理化学	硅酸盐学会	
31. 线性代数	测绘学会	

二、专业进修班

（对象大部分是中技校毕业程度的初级技术人员）

1. 精密机械（对象是中级技术人员）	机械学会	每周1-2次
2. 工模具热处理	"	半年结业，每周一次
3. 电镀溶液分析	"	"
4. 铸造	"	未定
5. 粉末冶金	"	"
6. 维修测绘技术	"	脱产学习半个月
7. 电火花加工与成型磨削	电机学会 机械学会	脱产学习一个多月（已开班）
8. 化工仪表及自动化（三门课程）	化工学会	一年半结业，每周1-2次
9. 化工过程及设备	"	未定
10. 石油化工（开若干门课程，对象是大专毕业）	"	（在计划中）
11. 印染	纺织学会	半年结业，每周一次
12. 英文（纺织专业）	"	一年结业，每周三次
13. 英文（机械专业）	机械学会	每周1-2次

三、工人技术培训班

1. 机械制图（三个班）	机械学会	（已开班）半年学完每周一个晚上

2. 机械测绘	"	(") "
3. 热处理工艺学	"	(") "
4. 铸造	"	(") "
5. 电火花加工	电机学会	脱产学习 10 天
6. 成型磨削	"	"
7. 凝结系统维护管理	"	每周一次

20世纪60年代初北京市农业和工业科技工作史料

北京市农业和工业科技工作均起步于1958年。1958年北京市成立了农业科学院，下设蔬菜、作物、畜牧兽医、果树、养蜂五个研究所。1962年6月改为北京市农业研究所，设蔬菜、作物两个研究室。畜牧兽医所改为畜牧兽医工作站，果树所并入市农林局造林所。截至1962年底，北京市农业科技工作者在良种选育、植物保护、畜牧兽医、技术推广等方面均取得了一定的成绩，但也存在许多重要方面的基础工作基本上还未进行，农业技术推广工作急待开展，农业科学研究工作条件较差，科学研究机构不健全，技术力量较薄弱，对农业科技研究工作领导不够等现实问题。针对上述问题，中共北京市委研究室在广泛调研基础上提出了五个方面的改进意见。

北京市地方工业（包括交通、城建）科学技术研究工作，是从1958年发展和建立起来的。从1958—1965年的8年时间里，全市工业科学技术战线出现了科技水平显著提高、研究成果在生产上开花结果、群众性科学实验运动蓬勃开展、初步建立一支能打硬仗的科技队伍等喜人局面，但还存在着科技事业尚处在摸索阶段、科技水平不高、科技发展速度不快、科技新苗头和新理论抓的少等突出问题。针对上述问题，北京市科委提出以科技工作十项重点任务为突破口，全面带动本市工业和科技赶超世界先进水平。

本组史料包括：1962年中共北京市委研究室对于北京市农业科学技术工作情况的调查，1966年北京市科学技术委员会关于1958—1965年北京市科学技术工作基本总结和今后任务的报告（稿），反映了上世纪60年代有关主管部门在全面调查的基础上总结成功经验，全面剖析存在的突出问题及其原因，有针对性地提出改进工作的对策，是北京市促进科技事业发展行之有效的工作手段。

北京市档案馆藏，档号：1-9-445、7-1-21。

——选编者　赵力华

中共北京市委研究室对于北京市农业科学技术工作情况的调查

（1962年12月6日）

北京市在1958年成立了农业科学院，下设蔬菜、作物、畜牧兽医、果树、养蜂五个研究所。1962年6月改为北京市农业研究所，设蔬菜、作物两个研究室。畜牧兽医所改为畜牧兽医工作站，果树所并入市农林局造林所。现在这三个单位共有科学研究人员八十一人（大学程度六十六人，中专程度十五人）。此外，国营农场还有农科大学毕业生八十三人，中专毕业生一百四十六人（其中有一部分担任行政工作，没有搞科学技术工作），各区、县农业技术推广站有干部一百二十二人（中专程度以上的，据四个区、县调查约占80%）。

（一）

几年来，在农业科学研究和技术推广工作方面进行了一些工作，取得一些研究成果，有的已经在生产上应用了，有的还在继续研究。

一、在种子方面：进行了小麦的引种工作，今年搞了八十八个冬小麦品种和十四种春麦品种试验，初步发现印度798等春麦品种很有希望（亩产四百斤）。对白薯进行了十个品种的引种试验，选出了二、三个有希望的品种，比已退化了的胜利100号能增产20%-30%。对棉花已初步选育出三种比现在生产上常用的华北103能增产百分之十几的品种，其中有一种短枝棉品种，棉桃结在主干近旁，管理、采摘省工，适宜密植。蔬菜方面，进行了大白菜抗病丰产品种的选育工作，已从五十九个杂交组合中选出了抗病力强的有希望的五个杂交组合，初步看出有可能利用杂交一代优势来减轻大白菜的病害。对西红柿进行了早熟丰产和不支架栽培品种的选育工作，初步选出了二个可推广的丰产品种和四个经过改良和选择后可以不支架栽培的品种。在蔬菜引种方面，从 1958 年到 1961 年，由苏联、保加利亚、古巴、瑞士、日本等十余个国家和国内上海、旅大等地引进了四十三种、七百四十个品种，经过区域对比试验，有八十六个品种在北京的自然条件下生长良好，具有一定优点，其中较为突出的有二十种、三十六个品种，已有十个品种开始应用于生产。例如从上海引入的五月慢油菜，产量高、品质好，亩产八千斤到一万斤（北京油菜亩产只有五千到六千斤）。

二、在植物保护方面：正在进行玉米螟虫发生发展规律的研究。

三、在畜牧兽医方面：试验成功了用改进饲养管理和饲料（加金地霉素等）的办法缩短北京鸭的育肥期。每育肥五斤重的鸭，春季为六十天，夏、冬季为七十三至七十五天，比一般情况缩短二十天左右，饲料、成本都有所下降。试验成用土霉素治疗猪气喘病，已经农业部鉴定性的试验证明疗效达 70%-80%。还初步研究成功治疗马鼻疽病的方法，正开始推广。

四、在技术推广工作方面：作物研究室采用和生产队订立保产合同的办法，在朝阳区来广营公社顾家庄生产队作了生产性试验，使该队的一百零三亩小麦亩产量从过去的一百七十斤左右提高到今年的四百三十一斤。红星农场推广农大 183 小麦和水源 300 水稻良种，双桥农场推广玉米双杂交，都取得了很好的成绩。

（二）

目前农业科学技术工作存在的问题是：

一、在种子、土壤肥料、植物保护、栽培等许多重要方面的基础工作基本上还没有进行。

首先在繁殖、推广良种方面，严重落后。现在郊区玉米、小麦、谷子、白薯和棉花的混杂、退化情况都很严重。据朝阳区五个地方调查，白马牙玉米的纯度只有52%。据市科委的材料，通县小麦良种已有30%到50%是杂种，谷子已有80%以上不纯。据农业研究所去年在平谷调查，白薯也有80%以上不纯。蔬菜的混杂、退化情况也很严重，如洋白菜生长期延长，不易包心，油菜抽苔，白菜、油菜混杂生长。四季青劳动模范申多种的大青口白菜，产量高又好吃，可是现在在他本队都找不到纯的原种了。有名的心里美萝卜现在也找不到一个生产队种的是纯种了。在国外，地方农业科学研究机构负责培育和引进适合本地条件的良种，还有专门的种子或者良种繁育推广制度，例如为了防止种子的自然混杂，一般都要定期更换新的良种或者进行复壮工作，用纯度高的来代替自然混杂了的。资本主义国家农民用的种子都由垄断的种子公司供应，不断用育出的新品种代替老品种。苏联规定，自花授粉作物如小麦、水稻等每四、五年要换一次种子，异花授粉的作物如玉米，二、三年要换一次种子。这就需要经常培育和引进新的品种和进行种子纯化工作。我们这几年只强调农民自繁自选种子，并且在实际工作中也抓得不紧，只有很少数生产队注意了选种工作。科学研究机构繁育良种的工作做得很不够，主要只做了些引种的区域对比试验，有些成果也由于没有专门管理和繁育良种的机构，不能向农民提供足够的良种，因而不能在生产上很好发挥作用。

在土壤肥料方面，1958 年动员了很大力量，搞了郊区土壤普查，本来需要进一步分析和研究，制定出北京市郊区的土壤肥力图，提出郊区各类土壤的改良和利用办法。但是几年来这些工作都没有进行。在肥料方面，应该在郊区选择基点建立肥料试验网，至今没有建立。对化肥，研究了一些使用规律，但是没有研究各种化肥对各种土壤的影响和作用。

在植物保护方面，应该建立的病虫害预测预报工作，还没有搞。研究工作上，抓了些病虫害防治方法，但是对郊区害虫的发生发展、生活史，除了正在进行的玉米螟的研究以外，几年来没有进行系统的调查研究，不能提出根治的办法。

在畜牧方面，市畜牧兽医工作站现在的主要研究项目是猪的育肥饲养试验，北京鸭的育肥饲养试验，奶牛产奶量的调查研究，郊区大牲畜配种情况和畜牧工作情况的调查和总结。选种、育种工作基本上没有搞。研究人员认为，按郊区情况，至少应首先抓猪、牛、北京鸭的育种工作，以及不同品种的饲养管理和育肥的试验研究工作。

还有一些当前生产上迫切需要研究的课题，也没有很好开展。例如，郊区蔬菜栽培有许多丰产经验，但没有科学的总结，有些产量不稳定，有些年高产，有些年低产，还缺乏科学的总结。大白菜病害严重，没有得到根治的办法。需要从植物生理、土壤、肥料方面进行研究，提出科学数据，现在蔬菜研究室却连一个研究土壤肥料的人也没有，无法从这方面进行工作。

二、农业技术推广工作急待开展。

现在郊区已建立农业技术推广站的有朝阳、海淀、通县、顺义、怀柔、大兴、昌平等七个区、县，还有六个区、县没有建立。在已经建立技术推广站的区县，在推广化肥的使用和保管技术，

选择一些生产队作品种对比示范试验，调查丰产经验、宣传科学技术知识等方面，做了一些工作。但由于技术力量薄弱，上级又缺乏组织领导和业务领导，工作开展得很不够，对农业增产关系很大的种子工作还基本上没有开展，有些科学研究成果也没有很好推广应用。例如，原作物研究所在1959年到1961年每年的总结中都提出小麦碧玛一号的种子不宜在北京盲目推广，但是没有引起注意，直到今年受到了连年死苗减产的教训，才大大减少碧玛一号的播种面积。还有些良种，如双杂交的玉米，作物研究室从1959年到1961年每年都从中国农业科学院和农大等处找来一些自交系的种子，建议农林局推广，但是农林局都不答复，他们就自己找各区、县开会，因为都不重视，也没有推广开。又如已试验成功的白薯良种，比用了十几年已经退化的胜利100号能增产20%左右，高产的油菜，早熟的豌豆等都很受农民欢迎，但是由于没有良种繁育的基地，科学研究机构本身的试验基地又很少，不能供应足够的良种元种，也一直不能很好推广。在植物保护方面，也有的已经成熟的经验，如防治白薯黑斑病的方法没有推广。

三、农业科学研究工作条件很差。

首先是缺乏进行农业科学研究的试验基地。市作物研究室现有试验农场仅五十亩，只有一眼砖井，经常缺水，植物保护组为了试验作物抗病能力，好容易找来几十斤玉米病种，播种了二亩多地，已出苗三寸左右，但是肥料组要作肥力试验，没有地方，就又将这些苗平了，占用了这些土地。研究人员意见，为了开展对京郊几种主要作物的育种、引种、栽培、植物保护和肥料等研究工作，至少需要有水源条件的土地三百亩。果树研究工作，原有一百多亩果园的试验基地，收集和培育了不少果树良种，现在试验基地取消了，果园交给了十三陵林场，没有专人管理，夏天桃树大量掉叶，葡萄不上架，再不想办法，良种都要毁了。还有一部分栽在瑞王坟苗圃的良种果树，也交给农林局造林所或退赔给公社，毁损很严重。如有一百二十八个品种、一千二百八十株葡萄已被香山大队刨去。有二千七百株三十个品种的葡萄已全部被造林所刨去，还有八十亩、八十六个品种、二千株的桃树造林所也准备刨去三十亩。这些良种来时不易，有的是从兰州用飞机运来的，有的是从江南运来的，今后也很难再收集那么全，大家对试验基地的取消和良种的被毁觉得很痛心。畜牧研究工作，现在也没有试验基地，只能和国营畜牧场合作，由于农场都要经济核算，没有额外的饲料、经费，没有良种，研究人员反映，工作一点主动权也没有。一个在沙河农场研究奶牛的小组，直到如今，农场的饲养员不让研究人员碰一下奶牛，只能记录一下各头牛的产奶量。在双桥农场进行养猪育肥试验，没有专门的饲料，饲料种类和数量都无法保证。过去有些同志强调科学研究机构可以和生产队协作搞试验，现在看来，适当搞是需要的，但是没有必要的自己的试验基地也是不行的。因为农业科学研究工作有长期的连续性，用的试验地需要固定，要求严格按照一定的技术要求进行试验，而且试验还不一定能成功，更不一定能增加收入，这在集体所有制的生产队是难以解决的。

其次，是缺乏必要的实验室和设备。现在作物研究室只有一个实验室，地方小、仪器少。现在研究人员虽然人数还〔不〕少，却已经调剂不过来。许多标本和种子都没有地方存贮，几年来从野外辛苦采集的土壤标本只得抛弃一部分，培育出来的种子只得露天堆放在农场。蔬菜试验用的种子，因为没有柜子装，有的被老鼠吃了，有的应保存五、六年仍能发芽的，一、二年就不能发

芽了。今年收了五千多斤豌豆的良种，因为保存条件不好，霉了一千斤左右，没有霉的也有10%到20%不能发芽了。蔬菜研究室和中国农业科学院蔬菜所分家以后，原来的一些主要设备已由他们带走，需要补配分析天平、显微镜、干燥箱等仪器。作物研究室也提出需要增加分析天平、高速离心机、普通计算机等基本的仪器设备。计算研究实验中的数据必须用的计算机，全作物研究所只有一架，使用时各组排队等用，很影响工作进度。此外，现在农业研究所所在的彰化农场，没有自来水，也没有足够的电力，也影响化验工作。

第三，缺乏经费。蔬菜室除工资外，去年有业务费约二万元，今年只有九千元（市科委另拨五千元）。作物室只有业务费二千元（市科委另拨一万元）。

四、科学研究机构不健全，技术力量比较薄弱。

现在市的研究所只有作物和蔬菜两个研究室，而这两个研究室本身的力量也很不充实。蔬菜研究室今年6月和中国科学院蔬菜研究所分开以后，原来主持研究项目的骨干都已调回中央，只剩下一般研究人员十九人，绝大多数不能独立进行科学研究工作。全室没有研究土壤肥料的人员。搞种子工作的只有三人，除了继续进行前几年所作的大白菜抗病丰产育种试验和西红柿引种工作以外，没有力量搞别的研究。

作物研究室的研究力量，和工作需要也相差很远。育种选种工作，去年只有二、三人研究，今年增加到八人，而按北京郊区八种主要作物计算（小麦、玉米、白薯、棉花、高粱、谷子、花生、稻米），至少需要二十人才能比较正规地进行选育良种工作。

此外，农林局林业处附属林业果树研究组九个研究人员，搞了八个研究项目，平均每人搞一项，大家反映，实际上只能搞些调查工作，无法作试验研究。

畜牧兽医工作站的研究人员，骨干比较强些，有的相当于副研究员，有的相当于助理研究员。

五、对农业科学技术研究工作领导不够。

研究人员普遍反映，过去市农林局领导同志没有很好地深入研究单位了解问题，帮助解决工作中的困难，没有很好地和研究人员一起讨论过研究项目和规划，向研究人员提出要求。有时对农业科学研究只强调当年能增产就行，对需要长期研究试验才能见效的研究试验项目和一些基础工作重视不够。对种子工作，有些同志只强调生产队的自繁自选，忽视和轻视育种引种的科学研究工作和良种的繁殖推广工作。市农林局种子科长就认为选育良种农民比科学家还积极，农民就是不会写文章，×× 这些人每月拿工资三、四百元，一年拿出了多少个好品种？对作物栽培，有一种论调认为有了水肥，没有科学研究工作，农民也能增产；没有水肥，即使有科学研究工作，也不能增产，因此只要调查农民增产经验就够了，不必另外进行科学研究。

研究人员还认为市农林局对已取得的有限的研究成果也不重视，有些研究工作有了结论，写成书面材料送给农林局以后，一直没有答复。据作物研究室同志反映，自 1958 年以来该写的关于研究成果和工作总结的报告共约二十份，调查报告和经验介绍约一百份，送给农林局以后，几乎都没有答复（据农林局同志谈，这些研究资料一般是送给业务处研究处理），使一些研究人员感到很泄气。

研究所的领导核心很不健全。现在的三位正副所长都是农林局的行政干部兼任（所长由蔬菜处处长 ×× 兼任，副所长由农业处副处长 ××、彰化农场副场长 ×× 分别兼任），没有专职

的所长，根本管不过来。研究人员反映，过去徐督同志担任院长（专职）的时候，还替我们解决问题，机构改变以后，我们这里没有人管，也没有人关心。党的领导关系问题也很大。农业研究所党支部的领导关系原来归市人委机关党委领导，现在划归海淀区委领导。有一段时间，双方都不管，几个月没有过组织生活，党的文件也没有发，建所以来到 9 月份，只开过一次小组会。支部和行政究竟是什么关系也不明确。

（三）

关于今后如何加强农业科学技术工作，我们约请研究所、市科委一些同志座谈后，有以下一些意见：

一、北京市的农业科学研究机构应该从本地的条件和农业生产的需要出发，一方面要解决当前农业生产迫切需要解决的科学技术问题，从科学理论上很好地总结农民的丰产经验，总结执行八字宪法的经验，大力加强对农业技术推广工作的指导，另一方面，要根据北京农业生产长期的需要，科学技术发展的趋向，本身的工作基础和其他有关条件，确定研究工作的主要发展方向，制订出长远的研究规划，培育和引进适合北京郊区、山区和平原、水地和旱地等各种不同自然条件需要的作物、蔬菜、牲畜和果树的优良品种，对北京各类土壤作出科学的分析，找出最适当最有效的肥料和施肥方法，掌握郊区病虫害的发生发展规律和提出防治方法。由于农业生产周期长，农业科学技术工作要在生产上见效，需要比较长的时间。例如农作物育成新种一般需要十年以上时间（美国最近经过十五年的时间才育成一种能在干旱条件下亩产可达四百斤的抗旱小麦新种）。引进其他地区的良种也要经过三、五年的区域试验。掌握病虫害发生发展规律，新的农药的发现和运用等都需要较长的时间。因此，对农业科学研究工作更加需要及早抓起来。对农业科学研究的要求，主要的应当是提供科学成果，培养研究人才，而不能像对生产一样要求完成生产任务和上交任务。

二、建立良种繁育和技术推广系统，建立必要的推广制度。

不断地改进和采用优良种子是提高产量的最有效、最经济的方法之一，许多研究人员都提出，应该参考国外经验，从育种、引种、繁殖和推广良种，到保管使用和更换良种，逐步建立一套管理机构和管理制度。市和区、县的种子站都需要设立良种繁育场，分工繁殖供应生产队种子田用的良种，定期进行更换。据作物研究室的同志估算，为了解决本市郊区八种主要作物的良种问题，按照四年换种一次计算，市需要约占地五百亩左右的良种繁育场，这可以从国营农场中拨出土地固定使用。各区、县共需七、八千亩良种繁育地，平均每个区、县需地六百亩左右。现在有的区、县有地，应即积极开展良种繁育工作，有的区县还没有地，可以和国营农场或者有条件的生产队订立合同，在保证生产队适当增加收入和派驻必要的技术人员条件下，负担良种繁育任务。在生产队，要继续大力自繁、自选种子，并且逐步建立种子田。区、县技术推广站要加强对生产队选种留种工作的技术指导，在农村知识青年当中培养一批能掌握种子工作的技术人员。在这方面，顺义荣各庄大队坚持选育良种，培养青年技术员，管理好种子田，连年获得高产的经验，很值得推广。此外，有些同志还建议参照国外和广东、辽宁等地经验，设立专门的种子公司，负责供应良种。良种元种的价格，应该高一些，在开始推广良种时，可以由国家补贴一部分，使生产队乐于使用。

为了加强技术推广工作，大家都认为应该从市到公社、生产队建立技术推广网。各县、区都应成立技术推广站，并且逐步建

立小型试验示范农场或与生产队协作进行区域试验，以便因地制宜地推广科学技术措施。各公社、生产大队、生产队可以吸收知识青年和老农逐步成立技术推广小组。为了改变目前技术推广工作实际处于无人领导的状态，有些同志建议，应该明确市农业研究所对各区、县技术推广站有业务指导关系；有些同志建议在市农林局成立科学技术处统一领导各县（区）技术推广站、种子站和畜牧站的工作。市农业研究所的研究成果经过鉴定，认为可以推广时，农林局应该正式下达任务给各区、县进行区域性试验，同时指定一些地方（主要是国营农场）进行生产性试验，然后根据条件逐步推广。

三、充实、健全市科学研究机构和人员。建议恢复农业研究所的畜牧兽医和果树两个研究室（或者成立独立的研究所），建立土壤肥料研究室，同时增加研究人员。此外，还应有专人收集农业科学技术情报。今年分配给北京市的农林方面的大学毕业生共有四百二十人，应该首先满足市农业研究所和各县（区）农业技术推广站、种子站、畜牧兽医站的需要。现在农业研究所只有几个组长是1953年或1954年毕业的，可以独立进行一些研究工作，如果新增加大量的大学生就需要有更多的骨干指导和带领。有些同志建议和农业大学密切合作，请农大一些有关的教师兼任研究所、室和组的负责人，或者负责指导、主持一些研究项目的进行，几年之后就可以培养出一批人才，并且还可以利用学校的设备、资料，交流经验。据说，现在浙江、辽宁等省的农业院校和地方农业研究机构就是合在一起的。美国的地方农业科学技术工作也是在农业院校进行的。

四、逐步改善农业科学技术工作者的工作条件。首先，要解决试验场地的问题。蔬菜研究所原有试验农场四百亩，今年精简机构时改为国营彰化农场。虽然曾宣布农场要为科学研究试验服务，但是在实际执行中和研究室的矛盾很多，对开展研究工作不利，大家认为这四百亩地仍应全部划作市农业研究所的试验农场。这同蔬菜和作物研究室工作开展后的需要相比，还差三百亩地，可以以后再逐步解决。畜牧和果树也都应该有自己的试验基地。市种畜场现有七千多亩耕地和一些良种牲畜，可以划一部分作为畜牧兽医研究室的试验基地。果树研究所原有的一百多亩果园和各种果树，仍应拨回林业果树研究组。其次，应该拨给必要的经费，在农业总投资中应把科学技术费用（包括市、区科学技术机构人员工资、基建投资、试验、推广和购买设备等费用）作为一个专项，拨交市科委和市农林局共同掌握分配。第三，在1963 年和 1964 年分批解决农业科学研究机构所必须的化验、实验室、贮藏室、工作人员宿舍以及市种子站需要的种子仓库等建筑（其中蔬菜和作物研究室共需五千平方米左右的建筑），研究工作中所需要的一些物资如布口袋、麻布等，有关部门应负责解决。第四，加强农业科学技术的情报和资料工作，供给研究人员必要的充分的国内外的农业科学技术资料。

五、加强对农业科学技术工作的领导。建议仿照上海等地办法，市农业研究所由市科委和农林局双重领导，业务和研究工作主要由科委领导，行政工作由农林局领导。在党的领导上，可以考虑两种办法：一是在农林局党组下成立分党组，领导研究所的工作，支部起保证作用；另一个办法是实行党委或支部领导下的行政负责制，党委或支部归市委农村工作部或大学科学工作部领导。无论由哪里领导，目前必须迅速配备坚强的专职的党政领导干部。

中共北京市委研究室

1962 年 12 月 6 日

北京市科学技术委员会关于1958—1965年北京市科学技术工作基本总结和今后任务的报告（稿）

（1966年4月5日）

（一）

北京市地方工业（包括交通、城建）科学技术研究工作，是从1958年发展和建立起来的。八年来，高举毛泽东思想伟大红旗，贯彻执行了党的社会主义建设总路线，在阶级斗争和生产斗争的有力推动下，坚持了科学研究为社会主义建设服务的方向，科学技术战线出现了一个欣欣向荣、蓬勃发展的新局面。

1. 科学技术水平有了显著提高。近两年来研制出113项具有重大意义，或者达到六十年代水平的成果。例如，硅外延平面晶体管，固体电路，硅可控整流器，万分之一数字电压表，薄膜电路，小型通用晶体管计算机，中型模拟计算机，自动控温炉，高精度半自动丝锥磨床，程序控制钻床，金刚石金属工具，无钴硬质合金，碲化铋半导体致冷材料，五种光激射器，激光电话、治眼、治癌试验装置，激光干涉仪，铁铬铝加稀土电热合金系列，高磁能积磁钢，高纯镓、锑、铋、金等金属，砷、磷、硼等非金属元素的制备，氦、氖、氩、氪、氙稀有气体的提纯，人造红宝石，人工晶体，光学纤维，抽丝用的聚氯乙烯，维氯纶树脂，永久发光粉、超声波用于乳化和粉碎，有机硅防雨布，喷气织机，多包混棉喂棉机，高效酶退浆，脱水蔬菜，方便食品，塑料贴面纸，吃工业废料的矿渣砖和烟灰砖，新型建筑材料页岩陶粒和加汽混凝土，装配式建筑、大型壁板等建筑施工新技术，不开槽施工顶管机等。

2. 研究成果在生产上开花结果，带动了新兴工业的建立和发展。

1958年以来，从无到有、由小到大地建立起来半导体、粉末冶金、精密合金、有色金属、高纯元素、新型建筑材料等6个新兴工业。从无到有地建立起11个新兴科学技术的研究和试制基地，如精密机床、电子仪器、光学仪器、激光技术、计算技术、自动化技术、新的光学材料、高分子材料、超声波和同位素、稀土的应用等。

3. 群众性科学实验运动蓬勃开展。三结合接力赛更加广泛、深入地开展起来。据不完全统计，目前全市已有36个中央研究单位、大专院校和78个工厂、地方研究所建立了“接力”关系，有的还制订了五年、十年的长期技术合作的协议。三结合接力赛项目累计有三百多项，相继试制出七八十项具有五六十年代水平的产品来，使一些小厂、穷厂、新所，能够在较短的时间内迅速掌握一批新技术，较快地培养出掌握现代技术的熟练工人和技术干部。同时，也促进了科学，促进了科学技术人员的革命化、劳动化。越来越多的事实证明：三结合接力赛，既出产品、出技术，又出人才。是科学技术贯彻群众路线的好方法，也是多快好省地赶超世界先进科学技术水平的有效途径。不少工厂加强了科学实验，建立了专门的研究室。1965年北京市工业交通科学技术研究课题217项中，约有一半项目是由工厂企业承担，相继攻克了一批技术难关。这就大大的推动了整个行业技术水平不断提高。

4. 初步建立了一支能打硬仗的科学技术队伍，建成了一批新技术研究所。

专业研究机构是科学研究工作的基本阵地，加强专业研究机构的建设，对于发展科学技术事业，赶超世界先进水平，具有重大意义。

1957年北京市地方工业研究机构4个，职工203人，其中技术人员90人。八年来，随着生产和科学技术事业的发展，在工业生产的几个重要行业都已建立了地方研究机构。到1965年底，共有31个，比1957年增加8倍多，职工5858人，其中技术人员有3250人，比1957年增加36倍。有13个研究所还建立了附属试验工厂，进行研究成果的中间试验，大大缩短了从研究到生产的周期。有的研究所开办了半工半读学校，初步建立了科研、生产、教学三联合基地。从1964年10月，在无线电器件研究所还试行了半研究、半劳动制度，办"四不像"研究所，科学技术人员亦研亦劳，工人亦劳亦研，学生半工半读，干部半劳半工，打破了修正主义办研究所的洋框框，初步找到了按照毛泽东思想办研究所的路子，现已在工交建研究所普遍推广试行。

近几年来，北京市广大科学技术人员热烈响应党的号召，下楼出院到工厂工地去，和广大群众结合，大搞科学实验，经过活学活用毛主席著作和三大革命运动的实践锻炼，政治觉悟和技术水平有了很大提高。一支又红又专、能文能武的科学技术队伍正在成长。特别可喜的是，在实践中涌现出一批政治觉悟高、有一定技术水平的青年技术人员和工人，他们中间有不少人是能打硬仗的，在赶超世界先进水平方面作出了贡献，这是党和人民的期望。

八年来，北京市工业科学技术战线所取得的成绩，雄辩地证明：无所作为、妄自菲薄、甘当老二的悲观论点，都是没有根据的。北京市人民在党中央和毛主席英明领导和关怀下，在市委的正确领导下，是有志气、有能力和世界先进科学技术较量，是有决心用不太长的时间，赶超世界先进水平，攀登科学技术顶峰的。但是，我们并不满足已有的成绩，也决不能因此而骄傲自满，停止不前。必须用一分为二的方法冷静地估计形势。同我国社会主义革命和社会主义建设的要求相比，同国内外先进科学技术水平相比，同用客观上可能达到的最高标准的要求相比，同市委指示北京市科学技术工业要力争站在全国最前列相比，还存在相当大的差距，主要是：

1. 用毛泽东思想为指针，办科学研究机构、办科学事业，还处在摸索阶段。

2. 科学技术水平不高，远远落后于世界先进水平（均未计入在京中央研究单位和高等院校——下同），不少方面还落后于国内先进水平。

第一，据统计，1964、1965 两年重大成果 113 项中，赶上国际先进水平的只有 21 项，占重大成果的 18.5%，为数还很少。今年 2 月开幕的全国仪表新产品展览会上，展出重大成果的综合馆有 135 项展品中，只有 8 项，其中有的还是接力赛成果。第二，科学研究基本上没有跳出仿制的圈子，仿、改项目多，自己独创的很少。几个重要的新兴工业技术水平同国外先进水平比较差距还很大。例如，半导体技术，目前从科学水平来看落后国外三四年。从材料器件生产工艺和品种数量来看，落后得更多。国外由整体线路跃进到职能块等微电子技术领域，实现材料和器件合一，我们还没有着手研究。电子计算机，国外正在研制每秒运算三百万次的固体、薄膜、厚膜混合电路第三代计算机和利用气

体、液体压力作能源的流体计算机，我们才开始酝酿。从品种上看，国外生产的通用、模拟、翻译、数据处理、工业控制等计算机，并已广泛用于国防、国民经济、科学研究各个方面。我们也只有小型通用计算机，炼油用的控制计算机、模拟机三种，品种少，产量低，应用也不广泛，在技术水平上也落后国外不少。高精度精密机床，我们在1965年才试制出两种；光学、激射光和电子技术等方面的新成就还没有加以综合应用，远远落后于国际水平。自动、半自动机床，国外已发展自动机床生产线；我们只试制出程序控制钻床，而且没有大量生产。特种加工新工艺，国内已有电火花加工、等离子加工、电解加工、电子束加工、超声波加工、莱塞加工、高能成型以及利用电、光、声、化学能进行加工新技术，北京市只有电火花加工系列，莱塞加工正在进行试验，其他都是缺门。冶金轧制冶炼技术，国外已普遍采用多辊轧机、大型挤压、行星轧机等高效新型轧机，大容量真空冶炼和真空处理技术，我们还处在小量试生产阶段，在轧制技术上，不少还是缺门。

3. 科学技术发展速度不快，包括成果出的不快，成果推广的不快，工业化程度很低。激射光技术，北京比上海抓的略早一些，目前上海的激光测距、打孔、焊接装置都已用于生产，我们还在研制阶段。物理光学仪器是北京市发展重点，大型光谱仪搞了三四年，1965年试制出来已经落后。光栅刻划技术，从1960年开始设计试制，搞了五年多，才达到每毫米刻200条线，国外已达12000条线。和世界先进水平差距很大。

稀土的综合利用，和低合金高强度钢，北京1959年早已提出，但进展很慢。1964年包头现场会议后，上海用了一年多的时间已提取十四、五种稀土元素和多种氧化物、稀土金属，成为全国品种最多、工艺最完善的稀土研究和生产基地，一举超过我们。

研究成果用于生产很慢，工业化程度很低，是一个突出的矛盾。精密合金，北京市早在1960年就开始试制，经过五六年的时间，磁性材料、弹性材料、膨胀材料、电阻合金、测量合金等系列中，一般只试制出一、二种或二、三种产品，而且处在实验室或小批试制阶段，技术指标距世界水平相差很远。

超声波的应用1963年9月，总结了原光华染织厂、北京毛巾厂、北京酿酒厂等十二个工厂稳定用于生产的经验，进行推广，现又经过两年多了，有关单位还是没有重视起来。

新兴工业的工业化程度低，表现在自动化、半自动化、机械化、半机械化水平低。例如半导体器件，国外已实现了半自动化、自动化的流水线，我们大量的还是手工操作，因而成品率低、成本过高，就严重的影响了新兴工业的发展的速度。

4.科学技术的新苗头和新理论抓的少。

现代工业技术的重大发展，多是从基本理论的研究上突破的。一部分工作，过去我们没有提到议程上来。一些最新技术，如超导技术、等离子技术、生物催化技术，在1959年都曾提出过，实际没有上去，迟了四五年。物质结构、催化理论、仿生学、分子电子学、超低温、超高压、超强磁场等基本研究，从北京市工业和科学技术发展的需要来看，都应抓起来，我们也认识不够，行动慢了。

科委作为市委、市人委领导科学技术工作的助手，对于上述科学技术工作存在的差距是要负主要责任的。我们在思想上跟不上党中央和毛主席的思想，跟不上市委的要求，对毛主席的指示、中央和市委的方针政策吃的不透，领会不深，贯彻不力；对

科学技术战略目标也缺乏雄心大志，因而没能及时地提出北京市科学技术上超创的战略任务来。在组织工作上，也远远落后于形势的发展，1960年三结合大协作的好经验没有及时作出总结，加以巩固和提高，曾在一个时期放松了领导；近几年抓地方多，没有很好的组织中央研究单位和高等院校的力量，因而工作冷冷清清，研究成果出得不快。在工作方法上，调查研究不够，先进典型没有深入总结，这样就影响了战略任务的确定，影响着科学研究实验运动的前进。

总的来说，北京市目前工业技术水平同国内外先进水平比较，还有很大的距离，还是落后的。面对着这种落后的形势，我们一是承认落后，承认差距；二是下定决心消灭落后，赶超先进。我们有革命的胆略，有无产阶级的志气，有科学的求实精神，有艰苦奋斗的工作作风，一定要在科学技术战线上打一场志气仗、思想仗、政治仗，打出一批高水平、高速度超世界水平的成果来，使北京市科学技术工作真正站在全国最前列。

（二）

毛主席一再教导我们，要经常注意总结经验，做了一段工作，就要总结这段工作的经验，不断实践，不断总结经验。过去一年来的实践经验也告诉我们，为了实现多快好省地赶超世界先进科学技术的战略任务，最重要的是以毛泽东思想为指针，总结自己走过来的路子，从自己的实践中去认识社会主义发展科学技术的客观规律，走中国发展科学技术的道路。防止走资本主义发展科学的老路，避免照抄修正主义的洋框框。

八年来，北京市科学技术工作经历了三年大发展、三年调整、两年兴旺三个阶段。这里采用回顾历史的方法，一分为二地、历史地分析有什么经验，有什么教训，以便使我们对事物的来龙去脉，看得更加清楚。

北京市地方工业科学技术研究工作是1958年“大跃进”的产物。在总路线的光辉照耀下，在主席关于破除迷信、解放思想，关于卑贱者最聪明，高贵者最愚蠢的伟大思想鼓舞下，广大干部和群众，大破洋框框，大破少数人冷冷清清办科学的老局面，建立了地方的新技术的研究机构，大搞科学实验的群众运动，闯出了按照毛泽东思想办社会主义科学研究道路。三年大发展的路子走得对，科研战略方向也抓得对，但是由于缺乏经验，在实际工作中发生了一些缺点和错误：一些项目的研究带有一定的盲目性，要求过高、过急，科学作风不够。现在看来，这些缺点同伟大的成绩相比，只是一个指头或者不到一个指头的问题。

1961年至1963年贯彻执行了八字方针，调整了研究机构，精简了人员，充实和加强了技术队伍，坚持了一批重大的高精尖项目的研究，加强了支援农业和吃穿用的研究，为以后的大发展准备了条件。但是，由于我们对八字方针缺乏正确的理解，对三年大发展的伟大意义认识不足，没有及时总结经验，对于当时科学技术工作中两种思想、两条道路的斗争，嗅觉不灵，看得不清，斗争不力，科委有一部分干部（包括领导干部）一度流行着“镶边思想”和畏难情绪。因此，群众性的技术革新、技术革命运动没有坚持下来，两年半没有翻身。对于一批重大新技术的研究坚持得不够，不该退的也退了下来，如电子显微镜、双水内冷汽轮发电机、静电纺纱、聚四氟乙烯等重大研究项目；一些可以上马的国防尖端任务没有敢接。

1963年下半年，主席提出三大革命运动的号召以后，市委做出了加强科学技术工作的决定，科学技术战线的形势一年比一年好，研究成果一年比一年多，水平一年比一年高。同全市其他

战线一样，最近两年是兴旺景象。这两年的兴旺是与三年大发展、三年调整分不开的，最根本原因是科学技术战线掀起了活学活用毛主席著作的高潮，进行了社会主义教育，抓了阶级斗争，调动了广大干部和群众的积极性。这一段使我们进一步认识了这样一条真理：活学活用毛泽东思想，突出政治，是科学研究工作的纲。抓住了这条纲，也就是抓住了阶级斗争这个纲，科学技术就会沿着社会主义方向突飞猛进。

八年的实践，我们积累了比较丰富的正面和反面的经验，对于社会主义发展科学技术的客观规律有了一些认识，有了一点自由。我们的主要体会是：

第一，永远高举总路线的红旗，敢闯敢超，敢于攀登科学技术顶峰。

1958 年至 1960 年，北京市人民发扬了敢想敢说敢干的革命精神，积极采用最新的技术武装工业，开展了二百多项重大新技术的研究。现在看来，技术路线、技术方向的选择都是正确的，起了开路先锋的作用。缺乏科学根据的，为数极少。近几年来，北京市研制出的一批重大成果，如半导体、电子计算机、座标镗床、粉末冶金制品、程序控制机床、超声波技术、精密合金、高纯元素、惰性气体、轻质高强建筑材料、不开槽施工顶管机、可溶纱布、石钢的氧气顶吹炼钢、清华的原子能反应堆等，都是“大跃进”盛开的花朵，现在结了果。由于主观和客观原因，中途间断的一批重大研究项目，如超导技术、等离子技术、高速度大容量计算机、电子显微镜、双水内冷汽轮发电机、燃气轮机、静电纺纱、稀土制备及应用、低合金高强度钢、玻璃钢等等，现在仍然是具有重大方向意义的课题，其中大多数项目已在国内其他单位坚持下来，取得了成果。随着时间的推移，“大跃进”的深远意义也就看得更加清楚了。

半导体，是五十年代问世的新技术，1958 年北京市看准了这个方向，及时地开展了试验研究工作。在三年国民经济困难时期，有的吹冷风，指责搞半导体是“脱离生产”“脱离实际”，三番五次打算拆掉半导体研究室。在市委的支持下，坚持了“四个永远”的革命精神，顶住了这股冷风，没有退下来，反而迎着困难前进了。无线电一厂，原是几个集体所有制的小厂合并而成，厂小志不穷。1960 年他们在破仓库里开始研制模拟计算机，在三年调整期间，继续坚持进行研制。当时，无线电联合厂的一部分领导干部，不但不给以支持，还三令五申要他们停止模拟机的研究，但是一厂的同志顶住了困难，不能合法地干，就当作黑任务干；工资都开不出来，试制经费也十分困难，他们抱定饿着肚皮也要干出来的决心，终于在 1963 年底研制成功。接着，又在 1965 年研制成功解 20 阶微分方程的中型模拟计算机，达到国内先进水平。宣武区工业局办街道工业，破除迷信，敢想敢干，成绩突出。自 1960 年以来，他们采取集中力量打歼灭战的方法，六年如一日地坚持上新技术，到 1963 年底，共上了 42 项，其中已正式投入生产的有硅整流器、粉末冶金、钨铼热电偶、防尘口罩等 20 项，已小批试制的有印刷电机、超声波齿轮泵、静电吸尘器等 9 项，正在试制或准备试制的有转子流量计、测震仪等 13 项。在街道工业创办了一批新兴工业企业，给街道工业带来一片欣欣向荣的景象。北京市科学技术发展的历史，雄辩地证明了这样一条真理：不论是研究所，还是工厂、学校，不论是大厂、小厂、街道工厂，凡是永远高举总路线的红旗，敢闯、敢超、敢于胜利，把敢想敢干的革命精神和一切经过试验的科学态度结合起来，就一定取得显著的成绩。相反地，凡是迷信洋人、洋书、洋

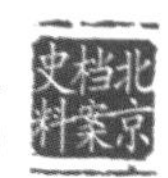

设备，不敢想，不敢干，甘当老二，安于吃剩馍，丢掉了“大跃进”时期的“敢”字，拣起了一个“怕”字，怕困难、怕失败、怕负责任、怕丢面子，亦步亦趋爬行思想或是骄傲自满、孤陋寡闻，对新事物不感兴趣的，多数没有取得什么了不起的成绩。

第二，永远走群众路线，在党的领导下，大搞科学实验群众运动。

1958年至1960年北京市科学技术取得的大发展，是在市委的领导下，发动群众，大搞科学实验群众运动的结果。当时，把中央和地方的工厂、学校、研究所组织起来，大搞领导干部、技术人员、群众相结合，设制、试制、使用单位相结合，科学研究、教学和生产相结合的三结合大会战。全市成立了三十多个三结合专业组，二百六十多个三结合专题组。专题组和专业组在制订科学技术战略目标，组织三结合大协作，交流和推广新技术，解决科学研究的基建、设备、器材等方面，起了重要的作用。事实证明，这是一个成功的经验。群众运动的规模越广泛，工作越有成效，研究成果也就越多。上海市现在实行的上下三结合，上面三委（计委、生委、科委）结合起来，实行三统一（方向、任务、物质条件），下面不分中央和地方，组织厂、校、所三结合大会战，做到五统一（组织、任务、党的领导、条件、人员），就是北京市当年的作法。

1961—1963年在三年暂时困难时期，放松了党对科学实验的领导，上面三结合不密切，下面各专业组陷于自流。两年多的时间，没有系统抓中央的工厂和研究所。群众性科学实验运动也偃旗息鼓。科学研究只在地方的研究所和少数的工厂冷冷清清地搞。三年来只拿出27项重大成果，其中达到六十年代水平的有7项。如果在调整时期发扬成绩，克服缺点，坚持三结合专题组的形式，坚持大搞群众运动，调整会搞得更好些，成绩会更大些，这是一条重要的教训。

1963年主席号召开展三大革命运动，市委加强了对科学实验的领导，群众运动又以科研、生产、接力赛的形式比较扎扎实实地开展起来。在调整时期坚持开展三结合大协作的单位搞得更好了，研究成果水平不断提高，不断在生产开花结果。北京低压电器厂、钢丝厂就是两个代表。

北京低压电器厂，八年来坚持搞三结合大协作，开展群众性的科学实验运动，已由一个只能生产接线板、指示灯、手动开关等简单电器的工厂，一跃而为生产磁放大器、罗辑元件、新安江水电站自动控制装置和自动化元件的工厂。把工厂由生产三四十年代的产品，提高到能生产五六十年代的产品，从根本上改变了生产技术面貌。北京钢丝厂原来是一个生产草绳的合作社，1960年以来，他们坚持与钢铁学院、清华大学、市冶金所等教学、研究单位协作，已经能生产出精密产品——铁铬合金丝，接近国际水平。这一时期，又有不少工厂、研究所实行了群众路线办科学的方法，时间虽然不长，有的半年，甚至三五个月就得到收成，显示出科学实验群众运动的巨大威力。北京市变压器厂原来是十几个机电行业小厂合并而成，工艺装备落后，技术力量薄弱。几年来，发展新产品常常遇到比较复杂的技术解决不了。1963年1月，他们接了冶金部建筑研究院的研究成果，在双方密切合作下，工厂的领导干部、技术人员、工人齐发动，只用了半年多的时间就建立起一个生产大功率硅整流器元件的车间，试制成功五十年代末期出现的新产品，支援了北京市工业。北京市科学仪器厂，原来也是一个技术水平不高的工厂，1963年7月，他们同中国科学院电子所合作试制“莱塞”，用了二个多月就试制出

二台代表六十年代水平的固体“莱塞”试验装置，以后又做出激光电话等先进产品，成为北京市研制激光技术的基地。该厂原订1967年试制出红外分光光度计，而且提出了73万元的设备购置费，可是他们走了群众路线，发动了工人，接了长春光机所的成果，自制了49台专用设备，改造了办公室为恒温室，只花了12万元，用了四个月时间完成了原来两三年才能完成的计划。这样的例子还有很多。如北京市有色冶金研究所在冶金部有色研究院的帮助下，建立高纯金属研究试制基地，用很短的时间拿出了十几种金属和非金属元素，等等。

大搞科学实验群众运动，充分调整〔动〕了人民公社工厂的积极性和创造性。北京市街道工厂和科学研究单位结合起来上新技术，最早要算椿树整流器厂和天桥粉末冶金厂。1963年以来，这场科学实验的“人民战争”越打规模越大，据不完全统计，现在已有七八十个街道工厂上了新技术，发展高级精密产品。已经试制或生产的新产品有近百项。如广内人民公社和冶金部钢铁研究院合作，在1964年建成了小而专的生产钨铼热电偶等合金厂。长安合金厂在电器科学院等单位帮助下，用了七个月时间试制成功永磁合金等材料，等等。

一些中央研究单位和大专院校，如中国科学院、一机部电器科学院、冶金部钢铁研究院、有色金属研究院、化工研究院、清华大学、钢铁学院等，坚持和生产单位协作，做出了显著成绩。清华大学在1958年接受国家任务，筹建实验原子反应堆和“零功率”反应堆的研究，在有关单位和兄弟院校的协作下，经过六年的艰苦奋斗，已于1964年国庆前夕双双建成，并投入远〔运〕行。此外，清华大学还与第一机床厂协作，坚持七八年，试制出达到国内先进水平的程序控制机床，等等。一机部电器科学院八年来坚持与工厂搞三结合，大协作，到 1965 年底已先后与全市 11 个工厂挂钩试制和推广了 13 项新技术和新产品，如硅可控元件，控制石油生产过程的计算机，自动化元件极值调节器、磁放大器、液体抛光、电子束熔炉等。

八年来的无数事实告诉我们：凡是质量品种、新技术上得多快好省的，都是大搞群众运动，实行三结合大协作的结果；凡是工作冷冷清清、死气沉沉，不发动群众，不和别人合作，关门逞英雄的，多数没有取得什么突出的成绩。

在科学技术工作中贯彻群众路线，实行三结合大协作的关键是发扬共产主义风格，反对形形色色的本位主义、个人主义。要互相帮助，互通有无，方便送人，困难留己。要一不为名，二不为利，抢重担子挑。但是，现在有些单位搞“同行是怨〔冤〕家”，互不协作，夸大自己的功劳，贬低人家的作用，爱好一家成名，在协作中争名争利，甚至过河拆桥。有的借协作坑人，只要别人支援自己，不愿帮助别人克服困难，“只进不出”“一毛不拔”。无线电三厂接清华大学成果试制小型数字计算机工作进展很快。搞了一段就滋长了骄傲自满，计算机所需稀缺稀元件、管子、材料，先己后人，不给清华，想以此抢在清华的前面拿出成果。三厂改进了一些工艺就以为自己了不起，说什么“没有清华我们也能干”。结果搞到整机调试过不了关，还是请清华帮助调试成功的。这样突出的事例虽然不多，但是本位主义的思想，争名争利的协作作风却不是一两个单位存在的，这是值得我们引起警惕的大问题。

第三，永远发扬不断革命，坚持到底的精神。

现在，人们谈到上海，都说上海研究成果多，水平高。可是翻阅一下北京市过去的科研计划可以看出，不少重大项目

1958—1960年期间，北京也都搞过，如双水内冷汽轮发电机、电子显微镜、聚四氟乙烯、等离子喷涂、静电纺纱、玻璃钢、尼龙9、微型汽车、人造云母等。上海坚持下来，取得了成果，我们半途而废，烟消云散。最近我们去上海学习，看到静电纺纱，引起大家兴趣。一打听，人家说：这还是在大跃进时期我们从北京学来的。现在，我们只得再去上海学习。有的同志说：想当年北京和上海并驾齐驱上新技术，现在北京和上海拉开了差距，差就差在我们没有坚持到底的彻底革命精神。这是有道理的。

北京市一些工作成绩比较大的单位，或很多重大研究成果的取得，都是坚持下来的结果。他们不是一阵风，而是三年五年，七年八年如一日不断革命的结果。半导体是坚持八年才有今天的规模。多包喂棉机坚持了九年获得了成功。可溶性纱布坚持了六年已成功，用于口腔和二度烧伤。光华印染厂从1958年8月开始超声波的应用研究，在中国科学院电子所的具体帮助下，先后试验成功超声波用于乳化和粉碎。在1960年底和1961年春，厂内外刮起一阵冷风，什么“超声波害人不浅啊”，什么“兔子能拉车，谁还买牛啊！”“提起簧片哨，大家哈哈笑”。有的把超声波说得一无是处，生产质量出了问题，一股脑地都推在超声波身上。当时真有“黑云压城城欲摧”的局面。工厂党委硬着头皮顶住了困难，决心再干上三年五年、十年八年，成败都要有个水落石出，坚持研究了五六年，终于在1963年成功地用于生产，创造性地把液哨式超声波用于染料粉碎上，设备简单，质量好，效率高，成本低，并且配合电子所证实了簧片哨的共振机理及超声波粉碎染料的以声为主的理论。这种理论外国还没有见到。

再讲讲粉末冶金。1960年全市大搞含油轴承，搞的单位很多，可是坚持下来的只有两家，就是现在的粉末冶金所和天桥粉末冶金厂。天桥粉末冶金厂是由三个家庭妇女，一个煤球炉子办起来的街道化工厂发展起来的。建厂初期，没有设备，没有技术工人，一名技术员和100多家庭妇女硬是靠手工闯过来了。为了得到合格的铁鳞，他们用脸盆一盆一盆地洗，用磁铁一把一把地将铁鳞选出，用筛面粉的方法，一箩一箩地筛选颗粒不同的铁粉，寒冬腊月，很多人的手都冻破了，衣服磨烂了，鞋子烧成大窟窿，也毫不动摇，坚守岗位。不懂技术，也记不住一些技术名词，他们就提前一小时到工厂上文化课、技术课，闯过文化关。辛辛苦苦做出了含油轴承。因为这是新产品，人们不了解它，没有人肯用，还有把含油轴承叫做“烂泥轴承”，但是他们没有灰心，而是“登门送礼”，把轴套送给汽车保养场试用，不分白天黑夜，风天雨地进行观察、测试、改进，建立了誉信〔信誉〕。进行大量投产时，又遇到质量不稳定的拦路虎，有时一连十几炉也烧不出合格产品。他们坚持了创业初期敢干敢闯、不怕困难的精神，抓住关键性的技术，突破了烧结、清沙、压制三大技术关键，研制出国外没有的两项新工艺，自制了五种专用设备，闯过了大量生产关，使粉末冶金工业在北京扎下了根。

事实证明，没有“大跃进”的精神，不走土洋结合的道路，没有敢干敢闯的精神，就没有现在的半导体、粉末冶金、超声波，也没有北京现在科学技术的成绩。很多项目，坚持下来都取得了最后的成功。而那些一遇到风吹草动，一遇到一些困难，就轻易把阵地放弃的，这样的单位大体上十个有九个没有取得什么突出成绩。双水内冷汽轮发电机，在1961年已经做出了样机。彩色电视在1960年发射、接收机都做出来了，做显像管用的几百套模具、专用设备和显像管的零件也做出来了。电子显微镜，在1962年百分之八十的零件都做出来了。三种彩色发光粉已做成了

两种，也没有坚持到底。微型汽车，从一型一直做到第七型，做出几十辆样车。飘形汽车（飞行汽车）也做出了样机，飞过一两次；聚四氟乙烯设备都上去了，工人也培养了。尼龙9已经进行了中间试验，纺出了尼龙袜子，都是没有坚持，半途而废。

总之，八年来北京市科学技术战线上的无数历史事实告诉我们：上新的东西一要情况明，二要决心大。经过调查研究看准了方向，就一定要抓紧抓狠，坚持到底。一个人，一个单位，在一件事情上这样做并不难，但是要时时、事事、处处不断革命，不断前进，必须坚定不移地高举总路线的红旗，展开两条道路的斗争，不断总结经验，不断提高革命的自觉性。

（三）

1966年是我国第三个五年计划的第一年。根据主席关于备战、备荒、为人民的战略思想，关于赶上和超过世界先进科学技术水平的战略目标，北京市工业科学技术战线的总任务是：高举毛泽东思想红旗，进一步突出政治，迎头赶超，突出“超”字，大力研究和发展新材料、新设备、新技术、新工艺和新理论，不断出成果，出人才，出经验，支援国防，支援内地建设，支援农业，促进工业生产新高潮。到1970年，使北京重点发展的新兴工业和新技术的主要方面，达到世界先进水平，力争有较多的项目超过世界先进水平，高速度、高水平发展科学技术，为把首都建设成为一个先进的工业和科学技术基地而奋斗。

本着全面规划、重点突破、打歼灭战原则，提出赶超的十项重点任务为纲，在三、五年内打开一批突破口，全面带动工业和科学技术赶超世界先进水平。

十大重点任务是：

（一）高运算速度、大存储容量、微型组件（第三代）计算机。

用三年左右时间完成，使计算技术，半导体技术达到世界先进水平。为此，要采用先进工艺技术，研制十管三路（十种新的外延平面晶体管、固体电路、薄膜电路和厚膜电路），并建立相应的半自动化生产流水线。研制并配套生产38种先进的外部装置和主要部件、测试仪器和设备。

（二）石油、化工自动化仪表。

系列地研制工业控制计算机，和多点、高精度、高速度巡回检测装置和直接数字控制仪。研制变送、显示调节等八种电动单元组合仪表，配套的成分分析仪器和执行机构。研究发展射流技术，并应用于自动化系统。达到能用世界一流水平的自动控制仪表，配套地装备一个大型石油、化工企业的水平。

（三）光学和电子光学的四个高点：

1. 光栅式物理光学仪器，系列发展，品种性能满足国内需要，达到世界先进水平。

2. 激光多路远距通讯和电视传像。

3. 激光计算机。

4. 电子显微镜和场离子显微镜。

（四）光电结合的数字程控精密机床。

方向是光机电结合，采用数字程控，光栅、光电定位，硅可控传动，液压传动等新技术的综合应用，突出钻、铣、镗、磨四个基本品种，走出自己的路子。在加工精度和自动控制程度达到世界先进水平。

（五）稀土及其应用。

研制并系列生产稀土元素单体、氧化物、稀土中间合金和混合稀土。运用稀土等富产元素，创立自己的合金系列（合金钢系列、精密合金系列和低合金高强度钢系列、轻质高强合金系列）。

开展稀土在合金、化工、硅酸盐、半导体等方面应用机理的研究，扩大应用范围。

（六）石油催化裂化和新型特种塑料。

建立原油催化裂化的研究、试验基地，开展石油化工综合利用及高分子合成材料的研究试验。大力开展煤焦综合利用，研制发展耐高温、高强度、高绝缘、耐辐射的新型树脂。并提取二氯乙烷，成倍地发展聚氯乙烯。大力开展玻璃钢用树脂、玻璃纤维的研究试验工作，并发展新型粘合剂和萃取剂。

（七）无机非金属材料。

大力提高红宝石、钕玻璃的激发效率；研制大颗粒人造金刚石；光学人工水晶和晶体；高温陶瓷、压电陶瓷、人造云母等。大力发展高纯金属、非金属，及半导体化合物的研究试制工作。

（八）生物催化技术。

大力研制新的酶制剂，主要是纤维素分解酶、蛋白酶、丹宁酶、果胶酶、淀粉酶、葡萄糖氧化酶。开展酶在发酵、食品、药物、生化试剂、造纸纺织等方面的应用。发展苏云金杆菌等生物农药的研究和生产。开展酶的模拟和人工合成的研究。

（九）纺织染整技术。

研究采用气流、超声、静电、光电控制在前纺和后纺工序上的应用，探索从开棉、清棉、梳棉到细纺彻底革命的新工艺、新设备。探索真空气化染色，以求彻底改革印染工艺，研究织物接枝变性整理，以提高织物性能及获得新的用途。

（十）开展以技术物理为重点的基本理论及其应用的研究。

通过较大功率的磁流体发电装置的研究，带动等离子体技术、超导技术、低温技术的发展。通过人造金刚石的研制带动高压技术的发展。大力开展固体能谱、分子电子学的发展带动新型电子器件的发展。

此外，还要开展原子能利用，加速器，以及催化理论、高聚合物结构和分子生物的研究。

十项重点任务是怎样提出来的？根据是什么？总的来说，这十项任务是根据国家下达给北京的重大科学研究任务（其中有北京市地方单位承担的，也有在京的中央研究单位和高等院校承担的）；根据地方工业向高精尖方向发展，赶超世界先进水平的要求；根据科学技术发展的方向制订的。具体来说是从下面五个方面考虑的：

第一，从我国资源特点及北京市的条件出发，积极发展新兴工业急需的各种特殊性能的原材料系列，走自己的路子（如稀土、煤及石油制高分子材料）。第二，以任务带水平，以军工带民用，勇于承担国家重点任务，特别是国防尖端任务，带动工业技术水平的提高，把攻尖和推广应用结合起来（如高速度计算机、油田自动化技术、物理光学仪器）。第三，综合利用最新技术，带动基础工业彻底革命，迎头赶超（如：光机电结合的机床、纺织的彻底革命，酶化学在轻工、化工、食品行业的应用）。第四，抓主要矛盾，突破一点，带动全面，形成北京的特色。第五，抓基本研究及新的生长点，为新技术开辟道路（如超导、仿生学、固体能谱）。

摆在我们面前的任务是艰巨的、光荣的。我们能不能完成这些任务，多快好省地实现赶超世界先进水平呢？我们的答复是肯定的。因为：第一，我们有战无不胜的毛泽东思想和党的方针政策作指南。第二，我们有优越的社会主义制度，可以充分调动一切方面的积极作用。第三，北京市已经初步建立了现代工业和科学技术的物质技术基础，初步培养出一支又红又专、能文能武的

科学技术队伍。第四，中国科学院、中央各部研究院（所）、高等院校比较集中在北京，人才集中，有利于开展三结合大协作。据国家科委统计（未计国防系统），到1964年底，全国共有独立科学研究单位491个，在京有145个，占总数的29.5%。其中，工交建系统有111个，占总数的24.4%。全国自然科学研究技术干部10万人，在京占2.8万人，占总数的28.3%。据高教部统计，1965年底全国有高校434所，在京有53所（未计半工半读学校），占13.8%。全国重点高校有49所，北京占26所，为重点学校总数的53%。全国各部委有11个情报所，在京有10个，北京是全国最大的科学技术情报中心。第五，经过八年多的实践，广大干部和群众积累了比较丰富的正面经验和反面经验。

我们用什么方法来完成这些任务呢？过去是、现在是、将来还是彻底走群众路线，在科学技术战线上大搞“人民战争”。修正主义发展科学技术靠物质刺激，靠少数人冷冷清清地搞。我们发展科学技术靠政治挂帅，靠群众。在科学技术工作中，依靠谁来搞“人民战争”？怎样搞“人民战争”？科学技术“人民战争”有四支力量：（1）专业科学研究单位：包括中国科学院、中央各部委研究院（所）、北京市地方研究所。这支队伍为数可观。规模之大、队伍之多，在全国首屈一指。（2）大专院校、中央和地方所属工厂的研究力量。这支队伍实力也相当雄厚。（3）街道工业。北京市现有500多个街道工厂和100多个生产点。他们过去在发展科学技术方面已有所贡献，今后的作用会越来越大。（4）农村人民公社潜力很大，亦工亦农好处多。全市十三个县区，回乡知识青年有20多万人，这是开展科学实验一支生力军。

科学技术“人民战争”怎么打法？简要说来，三个字：“接”“拧”“通”。“接”就是接力赛。把科研成果迅速推广用于生产，促进生产、发展科学。“拧”，就是把中央和地方的研究单位、大专学校、工厂组织起来，不分你我，拧成一股绳，统一方向、统一重点任务、统一物质条件，集中力量打歼灭战。这种作法比接力赛的内容更丰富，规模更广泛，收效也更大。现在北京市远没有把各方面的力量组织起来，潜力还很大，前途很光明。“通”，就是互通情报，互通有无，及时交流和推广新技术。

科学技术“人民战争”战场在哪里？在实验室，在试验工厂中，但主要是在工厂。在生产第一线和工人结合起来。现在北京市正在建设小三线，都要用最新科学技术武装，科学研究大有“用武之地”。从长远来看，农村人民公社发展科学技术也有广阔的天地。这对工农结合、城乡结合、逐步消灭三个差别都有好处。从工业科学技术合理布局、从备战、从发动群众搞科学来看，也都有好处。

实行“接”“拧”“通”，实行科学技术的“人民战争”，关键在于加强党的领导，坚持政治挂帅。只有这样，才能坚持科学工作的社会主义方向，才能坚持走群众路线，才能坚持不断革命的精神，也就是说才能按照毛泽东思想走我们自己发展科学技术的道路，实现全面的“大跃进”。

北京市科学技术委员会

一九六六年四月五日

1980年北京市科协工作动态史料

北京市科协是北京地区科学技术工作者的群众组织，由全市性学会、基金会、区县科协及基层组织组成，是党和政府联系科技工作者的桥梁和纽带，发展科技工作的参谋和助手，是推动科学技术事业发展的重要力量，在科学普及、学术交流等方面发挥着重要作用。

为促进科学技术进步、服务经济社会发展，1980年3月15日至23日，中国科学技术协会第二次全国代表大会在北京召开，会上强调，“科协是科学家和科技工作者自己的组织，是同工会、共青团、妇联、文联一样重要的群众团体”。在“经济建设必须依靠科学技术，科学技术工作必须面向经济建设”的大背景下，在向四个现代化进军的征途中，科协具有重要地位。

为了适应首都发展的实际需要，贯彻中国科协“二大”工作报告提出的“要重视各学科、各专业的互相联系，加强学会之间、专业组之间的协作和配合。对现代化建设中带综合性的重大项目，要组织多学科协同作战”的要求，北京市科协积极落实会议精神，推进各项工作。

随着城市定位和经济发展战略调整，北京的产业结构由工业主导调整为服务业主导，产业内部结构呈现高端化特征。农业发展从传统种植向现代化转变，以金融、信息、科技等为主的现代服务业占60%以上，彰显科技发展在城市建设中的重要性。

北京作为首都，在新中国成立后的七十多年中，发展十分迅速，尤其是改革开放后，北京市各行各业都有了巨大的变化。本组史料选取北京市科学技术协会研究室1980年编的《北京科协动态》，涉及农业、林业、工业、铁路运输、生态环境等方面内容，形成今昔比照，可见档案记录了各行业奋斗的足迹。主要收录有“关于扩建北京铁路枢纽发展旅客运输的建议”“恢复生态平衡和改善人民生活环境质量的工作要切实行动起来”“关于大力加强首都林业建设的建议”“把首都建成最清洁最优美的城市——对首都园林绿化工作的几点建议”“关于首都造纸工业发展问题的讨论”“对北京光学工业发展的意见”“北京水资源日趋紧张”“北京七个学会联合讨论京郊耕作制度”“有关科技人员几个问题的情况和意见”“17省市蔬菜专家对北京市蔬菜生产提出的意见”“中央在京单位要做好首都环境的保护工作”等共11篇，反映了改革开放初期北京科技工作发展状况，以及科技工作者提出相应解决问题的意见、建议。

北京市档案馆藏，档号：10-3-60。

——选编者　王永芬

北京铁道学会关于扩建北京铁路枢纽发展旅客运输的建议

（1980 年 3 月 8 日）

按：北京铁路客运枢纽的运输能力严重不足，与客运量形成尖锐的矛盾。北京铁道学会组织专家，经过多次勘查和讨论，提出在今后十年内依次进行局部改造旧客站和全面建设枢纽工程的具体建议。铁道部领导听取了汇报，极为重视，希望学会协助铁道设计部门进一步搞出具体设计方案。许多专家认为，有步骤地把首都建成为四通八达的现代化交通城布，实为当务之急。

现将“建议”摘要刊登如下：

一、客运紧张情况

北京枢纽由京山、京广，京包、京原、京承、丰沙、沙通、通坨八条干线引入，有北京、永定门、西直门三个主要客站。当前三站每天上下车旅客为七万余人，其中长途五万余人、市郊二万余人。二十年来，旅客上下车人数平均每年增长 5.4%，最低为 4.5%，最高为 6.7%，以北京站为例，一九五九年建站初期客车仅三十一对，一九七九年达到六十二对，增长一倍，一九七八年上车人数较一九五九年增长了 141%。进入四化建设以来，一九七八年整个枢纽的始发客流比一九七〇年增长近一倍，比一九七六年增长 23%，一九七九年一至八月份又比一九七八年同期增长 9%，一些客车经常在始发时即超员 10%-20%，造成沿途旅客乘车极为困难。

由于运能不足，加以客流波动很大，每遇在京召开各种会议、参观或大批团体乘车时，造成部分中转旅客当日不能换乘。每到春节，客运量又较平时激增50%-70%，站前广场、候车室及上车秩序十分混乱，有的乘客甚至挤在厕所里度过漫长的旅途，许多旅客视乘车为畏途。

展望今后，每年按低线递增4.5%计算，到一九八五年底预计北京铁路枢纽每天需加开二十九列客车，到一九九〇年底，每天则需增开五十八列客车，而当前运能每天欠至七、八千人，本应加开七、八列客车才能满足需要，由于没有能力，只好靠现有列车超员运送，如不及时改造客运枢纽，后果将极为严重。究其原因主要是客运枢纽行车设备满足不了运量增长的要求，具体问题是：

1. 车站接发车能力不足

从国外几个较大首都的铁路枢纽来看，巴黎连接十六条干线，有九个尽头式客站和一个通过式客站；莫斯科连接十一条干线，有七个尽头式客站和二个尽头——通过式客站；伦敦连接二十条干线，有十六个尽头式客站和一个通过式客站；柏林连接十五条干线，有十个尽头式客站和二个通过式客站。北京连接八条干线，目前全部集中于北京、永定门两站，造成早晚列车密集到达的两段时间内，车站到发线及咽喉都十分紧张。加以两站库线存车能力都很差，北京站除有一百五十辆零散备用车经常占用库线外，剩余的十七股库线，已无法按运行图要求做到二十列车底在短时间内先后入库，不得已除限制北京局的车底入库外，并采取早出晚进的办法，压缩各地车底在京停留时间，如京沪、京哈间几趟快车，到京后只停三个多小时，即行折返。但这并不能解决全部问题，于是又将一些长途列车再向远道拉通，根本取消了在

京停留时间。永定门站车库只有七股线，而该站夜间却有九列车底，由于车库线路不足，尽管列车已超员运行，却很难再增开列车。

基于上述原因，也给车站的调车作业带来很大困难。当前，很多列车已挂到十六节，有的车厢不能停靠月台，上下困难。虽然车库已告满线，但每天仍要进行大量甩挂作业和编组临时车底，由于库线不足，只好无效地将一列列车底调来调去，遇有水害或其它事故线路中断时，数量众多的停运车底，就更加难以处置，过去尚可向东郊、百子湾、星火等站调送，现在由于经常满线，已不可能再靠这三个站进行疏解，给日常调车作业增加了不少困难和不安全因素。

2. 枢纽咽喉阻滞

京广线丰台至衡阳间均为复线，唯丰台至永定门间一段仍为单线。每天京广、京原、丰沙各线共三十九对客车都要抢行于这条单线之上，形成京广、京山交叉干扰。有的列车虽一路正点，但到丰台后则因等线而误点。由于早晚快车、市郊慢车都密集在六至八点十八至二十点两段时间内，确实已紧张到无法再增加一列客车的程度。

二、扩建枢纽建议

目前我国国民经济正处在调整时期，北京铁路客运枢纽的扩建应本着调整、改革、整顿、提高的方针，从国民经济的实际出发，度资量力，把枢纽分为“局部改造”和“全面建设”两个方面同时进行。“局部改造”旨在以少量投资，对枢纽中主要客站进行必要地应急改造，使能疏解今后七至八年内激增的客运量；“全面建设”则是在“局部改造”的同时，编制整个枢纽的规划和设计，根据工程缓急程度，在今后十数年内分期投资依次进行。

1. 局部改造永定门等三个客站

永定门站建于一九五八年，原拟五年后再建新站，但至今已二十一年未动。近四年来，其客运量每年递增率为12%，预计一九七九年上车人数将较一九五七年增加一倍，现有列车对数及行车设备，已不能满足需要，必须将现有五股到发线再增铺两股，同时增铺永定门至丰台间京广复线，另需于站西购地百余亩增铺客车整备线，或将现有永定门站货场迅速移出，稍加改造用于列车整备。这样，咽喉通过能力、车站接发列车能力都将提高，可由当前的二十一对增为四十对，基本能够满足数年内客运增长的需要。在客运服务设备方面，临时站房应予重建，沟通各站台的地道应予新建，因现有的一座天桥，十分拥挤，极易发生危险。

西直门站除可开行部分长途客车外，今后将演变为担当旅游及近郊客运的车站。本此方向，应速将该站的中转货车移至它站而改增七对客车，这样，既可避免每年货车迂回造成的三十八万余元的损失，又可满足近郊及旅游运输增长的需要。考虑到旅游事业的急剧发展及为彻底改造西直门站做好准备，应将北京市为铁路保留多年的二百余亩土地尽快买下，修建客车、内燃机车整备场及油库。将西直门站货场迁至大钟寺，检衡库移往其它货运站。

北京站是枢纽中担当客运最繁重的车站，待永定门等站完成局部改造，北京站各线列车适当外调后，即可着手该站的改造。其主要内容为：（1）增铺五股到发线；（2）将四线咽喉扩成六线；（3）将经常搁置不用的专运段的若干股道改做库线使用；（4）在市内适当处所修建电子售票中心，包售各线预售客票及当日客

票，撤销市内现有的两处分线临时售票所。

上述三站工程，于一九八二年内完成。

2. 全面建设枢纽工程

交通运输与城市发展有着不可分割的密切关系，它是城市形成的一个基本因素，也是城市结构中的重要组成部分。北京铁路枢纽是在旧中国铁路布局以及城市没有统一规划的基础上发展起来的。尽管解放后，我们对北京铁路枢纽有所改造和扩建，如新建永定门客站，迁址扩建北京客站等，但远未形成现代化的客运枢纽，加上“四人帮”的干扰破坏，近二十年来基本是停滞不前，致使运能与运量的矛盾逐渐加剧。

我们认为，大城市铁路客运的合理布局，必须缜密地考虑以下几项原则。首先，城市铁路交通应与城市规划总体布局相适应，应与城市公路、地下铁道等联成有机的整体，铁路不仅应该担当长途旅客运输任务，而且应将远近郊工矿企业职工通勤及旅游的客运担当起来。铁路的铺设不允许切割市区给市内交通带来干扰；其次，一个大城市必须有相当数量的铁路客运站，前面介绍的欧洲几国首都的客运站，最少的九个，最多的十七个，我们却只有两、三个，而且多是尽头式的，当然运量搞不上去。客运站少，在列车密集到达的时间里，必将导致客流难于疏解和造成市内交通的拥塞；第三，客运车站应该是通过式的，要尽量避免搞成尽头式的，其设置必须在合理半径之内，如现在的北京站距城市中心约二点五公里，正好处于中心边缘，未来的北京西站也应本此原则安排，永定门客站，距城市中心约四公里，正好处于市区边缘，也是比较妥当的，未来的一些北郊客站，也应本此方向考虑，使之靠近居民区，方便广大旅客的乘降，减少市内交通的负担；第四，大城市铁路客运站，既不能过多占用城市土地，又应体现时代的特征，最好建于地下，一旦发生战争，也便于市民的疏散和隐蔽；第五，客运枢纽必须坚持客货分离，各个工业企业的专用线，绝不能纵横市内阻碍交通，大型客站乘车与售票必须分开，这样，客站的秩序必将大有好转；第六，大城市铁路客站附近，应配置各种停车场，并适当安排商店、旅馆、餐厅、银行、邮电局等服务设施；第七，新建客车技术作业站，应与客站保持适当距离，尽可能远离市中心区，以防秽物在清洗中污染城市。

铁路第三设计院自一九六〇年以来编制设计的北京铁路枢纽规划，虽未最后定案，但已轮廓清晰。其规模为：除引进八条干线外，并有东南、东北、西南、西北四条环线相接，形成一个放射式的环形枢纽，计划中的大小客货车站近六十个，线路总长度约为一千五百公里。我们认为这个规划基本是可取的，但有些地方还有待参照上述原则进一步做技术上的探讨，其中三项重点工程：(1) 北京西站；(2) 连接北京东西两站的地下铁路直通线；(3) 连接西直门、广安门两站的地下直通线，在讨论中一致赞同必须尽快着手兴建，没有北京西站，北京客运枢纽能力就不可能大幅度提高，没有东西、南北两条地下联络线几个主要客站就不可能变成通过式的，同样无法提高运输能力。为此，我们建议，在“局部改造”立即抓紧设计、施工的同时，“全面建设”也须马上勘测、划界、定桩，凡属划归铁路发展枢纽的用地，任何单位不得占用。据了解，过去划归铁路修建北京西站的莲花池附近，有一部分土地已被占用，东西直通线的径路，既建有高楼，又敷设了数排大直径管道，将给铁路施工造成一定影响，如果迟迟不决拖延下去，工程造价必将大大增加。我们希望枢纽的上述关键工程，最迟应在一九八五年左右开工。关于北京西站的位

置，本着前面谈到的原则，应建于莲花池或象来街附近地下。

三、加强领导，力促规划尽早实现

过去的经验表明，都市现代化交通网的规划和建设，必须由一个统一的、强有力的规划机构担当起来，这个机构应在市委领导下负责制定城市的综合交通规划，各专业部门可以提出意见和方案，由上述机构主持审定。从设计到施工，都应有通盘考虑，统一指挥，力避由于各部门的意见分歧造成各种交通工具得不到合理的布局和衔接，从而给都市交通建设带来难以挽回的后果；或因购地、搬迁等问题不能及时解决，而致贻误工期，造成重大损失。

总之，上述建议仅仅是我会根据客观需要提出的一个轮廓，其与城市交通和商业网、点的配合以及工程造价的比较等，都有待进行具体规划时，加以补充和计算。在铁路实现现代化的道路上，国外的经验可以借鉴，但决不可以照抄、照搬，而应结合我国的具体情况自创新路，“适”中求“高”，走适合中国国情的现代化的道路，把北京铁路枢纽建设得脉络相连、四通八达。

全国科协第二次全国代表大会北京团代表关于改善环境质量的建议

（1980年3月23日）

恢复生态平衡和改善人民生活环境质量的工作要切实行动起来

按：现将参加全国科协第二次全国代表大会的北京团代表，

北京昆虫学会理事长、中国生态学会理事长、科学院动物所副所长马世骏，北京农药学会理事长、科学院动物所药剂毒理研究室主任龚坤元，北京林学会理事长、北京林学院林业系主任范济洲等三同志的建议转登如下：

由于过去在工农业建设方面，缺乏对生态条件和经济规律的全面安排，以及对许多自然资源的不合理开发利用，造成环境污染，并使一些自然资源濒临枯竭境地，近一、二年有关部门的领导对这种关系国家建设长远前途和子孙后代生存的大事，虽开始有所重视，但仍停留在口头谈论和准备舆论阶段，但这种恶化环境的现象仍在发展，甚至随着工农业发展的单一化，有可能更加严重。这项工作是实现我国四个现代化的基础，亦可以说是先趋，因此，应该刻不容缓地切实地行动起来。为此，提出如下的建议：

（一）设立生态资源规划委员会，对包括土地、水力、森林、草原等在内的自然资源的开发、利用、科学研究进行全面规划，以及与此有关的生态环境保护和城市规划，并具有对此类规划进行审查、资询及检查的职责。由于此项工作涉及许多部门，必须由国家科委、农委、计委、建委派员和有关科学、技术专家共同组成。

（二）认真组织多学科力量，对直接关系我国农业现代化科技问题及地区进行研究调查。过去一年多来，人民日报、光明日报曾刊登了一些讨论农业现代化的文章，起了显著的提倡作用。出现了不同意见，这些意见固然需要面对面的讨论和争鸣，更需要的是进行一些扎扎实实的研究及调查工作，掌握第一手资料，方能深入讨论，提出可行的有效建议。建议国家科委组织有关单位的力量，列入各单位的工作计划，有计划地对西北干旱及半干

旱地区的自然地理条件、生态经济特点，进行实地调查研究。

（三）落实生态学及环境科学知识的普及工作。

联合国教科文组织所属的《人与生物圈》常务理事会在一九七三年就要求各国普及生态学知识，做到家喻户晓，人人皆知。我国有关学会及单位亦注意到普及的重要性及迫切情况，作了安排。但由于出版不能落实，难以实现。建议科技普及出版社除作经济收益的适当考虑外，是否应结合全国科协的重点普及计划进行全面安排，并希望全国科协积极筹设印刷厂，以利科学普及刊物及学报的出版。

（四）全国科协应重点抓综合性的涉及多学科的学术活动，配合国家工农业及其它重点经济建设的需要。单一的学术活动由专业学会安排，以利于全国科协在国家建设方面更有效的发挥科技工作者群众团体的联合组织的作用。

（五）高度重视北京地区的生态环境总体规划，积极改善自然面貌。

北京是我国的首都，党中央所在地，也是科学研究单位及高等院校集中的大城市。因此，北京地区的生态环境为国内外所重视。但当前的情况是，占北京地区总面积百分之六十二的山区大部分还属荒山秃岭，市区环境污染严重，尤其是在冬春季节煤烟及风沙弥漫，不仅严重危害当地人民的健康，亦直接关系今后北京地区自然环境的保护与改善。因此，建议中央及北京市委重视这种情况，尽早组织有关单位进行综合调查，参照日本东京及香港等大都市的经验，把北京定为大城市（包括山区）生态系统的研究对象。在此基础上，制定北京地区生态经济总体规划，作为北京工农业建设、城市建设及环境保护的依据。

林学会代表关于大力加强首都林业建设的建议

（1980年3月26日）

按：出席中国科协“二大”的十五个省、市、自治区林学会的代表范济洲等十五人，提出了对首都林业建设的建议。刊登如下：

我们关心我国的林业建设，也更关心首都的林业建没。首都是全国的政治、文化中心，是全国的心脏。首都的林业现代化，应走在各个省市的前列。对此，我们提出一些看法和建议，请大会转党中央、国务院和北京市委有关领导参考。

北京是一个山地多、平原少的地区，山区面积约占总面积的百分之六十二，平地面积约占总面积的百分之三十八。在这个西北高、东南低的地区里，贯穿着几条由西北向东南流向的河流。在山地和平地交界处，修建了一些水库。从整个地形地势、山川格局和生态面貌来看，特别需要发展林业。新中国成立以来，北京的林业建设取得了一定成绩。但是就整个北京地区的自然面貌来看，北京地区的森林覆盖率仅为百分之七点五，远远低于全国森林覆盖率（百分之十二点七）的水平，更大大低于全世界平均森林覆盖率（近百分之三十）的水平。长此下去，不堪设想。不仅不能满足生产战线的需要，自然环境将更加恶化。这个问题必须引起我们的高度注意。

首先，必须大力开展宣传工作，以提高各级领导和广大群众对首都林业建设意义的认识。把首都的林业建设好，既能满足对

木材和许多林副产品的需要，也能改善整个北京市的自然环境。山地有了森林，可以发挥水土保持和涵养水源的作用，可以改善山下的农田和水利条件。在平原地区建造各种防护林，可以防止风沙侵袭、稳定河道，有利于农业丰产，有利于工业生产，有利于改善人民生活环境。从山区到城区，建造完整的风景绿化体系，则不仅可以改变气候、净化大气，而且可以为首都人民和国际友人提供许多游览绿地。这虽然是明天的远景，今天我们一定要努力，迎接这个美好的明天。

就首都地区的整体来看，造林还仅仅局限于人民常到的少数游览地和附近浅山而已。平原地区的农田防护林也只局限于少数社队，未能全面铺开。首都的“四旁”植树，也多限于近郊区的几个点。潮白河林场的沿河造林，成绩很有名，但也只限于潮白河的一小段。绿树成荫的行道树，是首都的好成绩，但也只是在城区和近郊区可以看到。

这就是我们看到的首都林业形势，这就是首都地区森林覆盖率远远低于全国平均森林覆盖率的现实。当我们登上八达岭游览长城古迹时，我们见到，在长城脚下建造起来的一片人工林，但是极目远望，却是荒山秃岭一大片！在这样现实条件下，难怪首都每年需要的木材（据说每年大约一百万立方米）完全依靠外调，难怪河水混浊、水库淤浅，难怪风沙弥漫。

我们期待着首都林业建设远景的实现。那时候，已经把一千五百万亩的山地中所有宜林荒山全部建设起森林，已经把平原地区的农田防护林和“四旁”植树都建造起来了，还建立了不少风景胜地。到了那个时候，北京市所需要的木材，完全可以自给。我们再登八达岭长城，极目远望，将是郁郁葱葱，一片林海。首都的古迹名胜加上青山绿水，那才是真正与四个现代化相称呢！

第二，必须加强领导

绿化首都是一项艰巨任务，是一项清算几千年历史老账的伟大的事业，必须加快步伐。要加快步伐，必须加强领导。

1. 希望党中央和国务院加强对北京林业建设的直接领导。改变首都绿化面貌就时间看，这是一项长期事业。从空间看，岂止是消灭北京市的荒山秃岭而已，也是绿化整个太行山山脉（华北的大脊椎骨）的试点。这样具有划时代意义的大事，必须站的高，看的远，请党中央和国务院予以重视。责成林业部和北京市当作重点工作来抓。林业部应把这项工作与建设“三北”防护林一样地当作重点工作项目来抓。由于北京地区与河北省和天津市地区山水相连，在林业部直接领导下，除北京市当作工作重点外，河北省和天津市的林业部门也要参加。

2. 加强北京市的林业领导机构。就全国各省市来看，一般多设有单独的林业局。北京地区有百分之六十二的山地面积，是全国少数多山的省区之一，理应成立单独的林业局，才能担负艰巨的林业任务。现在北京市的林业行政机构，是在农林局设有林业处，由于农业任务更重要，林业工作常常被排在后面。

3. 与此相适应，也应加强北京市的林业科学研究机构。“文化大革命”前，北京市设有林业研究所，现在只在北京市农业科学院的果林研究所里设有林业研究室。鉴于北京地区的林业科学技术问题很多，为适应需要，应成立单独的林业研究机构。

第三，首都林业的发展方向

鉴于首都的自然条件和政治地位，我们认为，首都的林业任务应该是多方面的。既要发展林业生产，也要重视改造自然环境。总的看来，后者更为现实，意义更大。所以说，首都林业的发展方向应该是在改造自然环境的基础上，发展林业生产。当

然，这二者是互相联系的，不能分割。

第四，必须开展林业科学研究的大协作

首都地区的面积虽然比其它省、自治区面积为小，但林业任务却很艰巨而复杂。在生产技术上还存在着不少难题，必须通过科学研究来解决。鉴于北京市林业科研力量比较薄弱，必须通过多方面的科研协作来解决。中国林业科学院和北京林学院等单位都设在首都，他们的科研人力较强，他们应该与北京市的林业科研单位通力协作。中国科学院也有许多所、室可以与北京的林业建设挂上钩。建议各个中央单位的科研项目主动结合首都林业建设需要挂钩安排。中央科教单位，就地取材开展科研，也能收到多快好省的效果。大家通力协作，容易突破首都林业建设上的技术难点。把首都林业建设搞好，是全国林业现代化的重要组成部分，也是广大林业科技工作者的光荣任务。

北京园林学会关于首都园林绿化工作的建议

（1980 年 7 月 20 日）

把首都建成最清洁最优美的城市
——对首都园林绿化工作的几点建议

北京园林学会最近召开了如何搞好首都园林绿化工作的学术年会。与会同志按照中央书记处四点建议的要求，针对首都园林绿化方面存在的问题，如普遍绿化不充分，树种不够丰富，绿化水平不高；公共绿地被任意侵占，大量减少；大公园、风景区的建筑设施失修失养；旅游风景区建设缓慢；花卉生产基地面积小，生产设备简陋等，展开了讨论并提出许多具体意见和建议：

一、健全领导机构，颁布城市绿化法

搞好北京的绿化工作，关键在于争取绿地、保证绿地。从一九六二年以来公园绿地被占被毁达四公顷。当前任意占用规划绿地的现象比比皆是。这种现象，园林部门无力单独解决。建议中央设立常设的规划委员会，并颁布城市规划法和园林法规，对无理占用者给予法律制裁和采取必要的措施，颁布法令，收复被侵占的绿地、抢救北京市的名胜古迹和古代宅园。

二、关于统一规划问题

由于北京市三十年来没有统一规划，统一建设，投资分散，造成绿地分布不均匀，绿化搞不上去的落后局面。建议组织各方面的人才，成立一个规划小组，对每个区进行详细调查，作出几个项目的评价，作为园林绿地系统规划的依据，在园林绿地系统规划中，要有较高的绿地数量指标，还要提高绿地的质量。

三、关于树种规划问题

园林局主管部门近一、二年内要拿出规划方案来，不要轻易肯定或否定一个树种，要注意发展乡土树种，增加常绿树的比重，搞好垂直绿化，多栽草皮、攀援植物，要对树种生态习性进行调查，做好树种宣传、鉴定，以便推广工作的进行。树木引种驯化要与生产密切联系，要建立引种技术档案。目前，引种与繁殖生产脱节，要协调植物园引种科研所、中间试验、苗田繁殖生产三者的关系。

四、关于选种繁育问题

有的同志认为，应成立种子公司，进行良种繁育和供应种子

的工作，也有的同志认为，各个公园互相配合，分工进行可能生效更快。应该保持好现有花卉品种的优良特性，再扩大花卉种类。目前街道树种单调，绿篱单调，并且栽植密，应该推广种植更多的品种。

五、关于技术培训及技术人员的使用问题

园林工作是技术性较强的工作，需要有专门人才来进行科研管理等一整套工作，目前我们的技术力量有青黄不接的趋势，现有的技术干部一百一十八人中，几年后将有很大一部分要退休，高校的园林专业限于当前的条件，不可能一下子培养出更多的人来。建议林学院开办函授班，园林局继续开办园林技校。此外，应在现有技术人员当中选拔一些基础较好实践经验较丰富的出去学习进修，提高技术水平。对现有技术人员中安排不合理的应迅速进行调整，并切实做到使技术人员有职有权。另外在短期内应建立起一支园林工程施工队伍，以解决本市各种园林工程建筑中的问题。

六、园林机械化的问题

园林管理工作需要有相应的机械设备，但目前园林管理工作还处在“小生产”的时代，建议园林局机械站应以发展和生产较先进的园林机械为首要任务，迅速研制出园林需要的各种机械设备，为提高首都的园林建设水平多出成果。

七、关于经济规律与园林建设

为了抓经济收入，公园里各种展销会出入频繁，陶然亭的花卉展室可以出租，其它公园也有类似情况，这种做法影响了花卉的正常生产与展出，对于认为经济规律就是抓钱的片面看法必须予以纠正。

八、进一步加强科研、科普工作

我们的科研工作还存在着一些问题。一是领导重视不够，二是科研工作跟不上形势的需要。科研题目要从解决实际问题出发（如解决北京风沙大的问题，解决生态平衡问题），研究要深入。应大力开展科普教育活动，行政上要有专人去组织，形成一个宣传系统，使人们热爱大自然，热爱植物，形成全民搞绿化的好风气，养成人人爱护绿地，保护绿地，爱护树木花草的好习惯。

大家还就规划中的问题提出了许多具体建议，如“城市风景区的建设及如何加速城市绿化的步伐”“加速首都绿化的几点想法”“对北京市发展花卉工作的建议”等。北京园林学会已将年会上提出的具体建议报送有关部门参考。

（北京园林学会）

北京造纸学会关于
首都造纸工业发展问题的讨论

（1980年7月20日）

最近，北京造纸学会根据中央书记处对北京市工作的四条建议精神，就首都造纸工业老厂改造问题举行了专门会议，讨论了发展的方向、规模、“三废”治理等问题。

中央书记处建议下达以后，首都造纸工业还应该不应该发展，如何发展，在一些同志中产生了较大的争论。有的同志认为，首都不应再发展造纸，以免影响城市环境；有的认为，首都造纸工业要扬长避短继续发展。对此各位专家广泛发表了意见，大多数

人认为，首都需要一个清洁的环境，不宜大规模发展造纸工业，但绝不是说一个国家的首都就不能发展造纸。一位专家介绍了日本东京市内一个日产四百吨的纸厂和某些发达国家首都的造纸生产情况。说明只要“三废”治理好，在首都造纸工业照样可以存在发展。其存在发展的有利条件和理由是：北京是全国政治、文化、科学技术中心。目前，一年需要三十多万吨纸，不可能全部由外地供应，为满足旅游事业、科学文化事业的需要，要改变目前的产品结构，发展一些没有污染、“三废”容易治理、耗能小、用水少、高精尖的产品。北京有大量废纸、废棉、废木材需要处理，全市仅废纸一年有近十万吨，如果不加以利用，就会造成废纸满天飞的公害，影响市容卫生。如用于造纸，就地处理，却是很好的原料，既可以消降公害又可以为首都提供大量的文化用纸。

北京现有十六个造纸厂、程度不同地存在着废水、臭气、噪声等问题，解决污染问题已经成为当务之急。解决“三废”问题一个办法是搬迁；一个办法是治理。把市区附近的厂全部搬迁耗资巨大，并且影响市场纸张供应，等于转移污染。最好的办法是从根本上进行治理，消除污染。对北京造纸工业的布局应进行适当调整，城区附近可以搞轻型的加工纸厂，把制浆厂合并，以减少污染源，在北京下游建厂搞碱回收，综合利用，污水可以采取花钱少、占地面积小的接触氧化法进行处理，使之达到排放标准。

专家们指出，北京造纸工业不能求数量，而要在高质量、多品种上做文章。目前，北京生产的五十多个品种远远满足不了需要，如科研机关急需各种仪表记录用纸，光敏、热敏纪录纸，黑线晒图纸；旅游事业需要餐巾纸、面巾纸、手帕纸、卡片纸等。

北京造纸行业要大搞科研，克服技术难关，成批生产出高精尖产品。

北京造纸总厂有关负责同志到会并认真听取了专家的意见。

（北京造纸学会）

北京仪器仪表学会、北京光学学会对北京光学工业发展的意见

（1980年7月20日）

为贯彻中央书记处对北京城市建设提出的四条建议，搞好北京光学工业长远发展规划，北京光学学会与北京仪器仪表学会于七月初联合召开了北京地区光学技术专家座谈会，座谈了北京光学工业的现状、发展远景、发展中的困难和克服困难的措施建议。参加人有清华大学金国藩、北京工业学院李振沂、北京工业大学莫文尘、北京玻璃研究所贾循德、二一八厂郝景尧、北京仪表局叶放、北京光学工业公司卢致生、北京光电技术研究所宋林友、高昌文等二十位光学方面的专家。

座谈会认为，北京地区光学工业实力雄厚，是全国三大基地之一。北京市光学工业公司所属十二个工厂和两个研究所，拥有职工一万多人，其中技术人员近一千二百人，产品七大类，约一百多个品种。其中，径〔经〕纬仪、摄谱仪、原子吸收分光光度计、精密天平、热分析仪和为光学技术与电子技术服务的真空镀膜机等产品，在产量和质量等方面都在国内名列前茅。

北京地区从事光学工业生产和研究的单位，还有五机部和市一轻系统所属的厂所十多家，职工八千余人，技术人员近千人。整个北京地区生产光学仪器的主要原材料和关键元器件基本上能够配套。如光栅、光电倍增管、红外接收器、夜视变象管、石英玻璃等在国内均处于领先地位。

北京地处首都，高等院校集中，清华大学、北京工业学院、北京工业大学都设有光学仪器专业，为北京地区输送技术人才，开展科研协作，创造了良好的条件。

专家们指出，北京地区的不足之处，是“散”。北京地区光学工业虽然实力雄厚，但是归属各口，没有统一的规划和领导，目前处于单干的状况，互不通气，工作被动，人力、物力浪费严重，如同一个技术项目重复工作，原材料利用率很低（如光学玻璃无型材，从炼玻璃到光学元件，材料浪费达90%左右）。某些光学特种材料，如镧玻璃、光导纤维等，本地区虽具备一定的基础，但缺乏统一组织，质量上不去，价格下不来，严重影响光学仪器的发展。

与会同志对北京光学工业的发展，提出了许多建议，主要是：

1.希望有一个领导机构来统一组织技术攻关、技术协作、生产协作，充分发挥北京优势，起到我国光学工业基地的作用。

2.应重视原材料和元器件的研制和生产，对发展新型的光学材料，如特种光学玻璃、人工晶体、光学纤维、光学塑料和光电转换器件等方面应给予适当的支持。

3.新产品的开发、研究工作应予以重视。做好技术储备，否则将会失去北京地区光学工业现有的优势。目前北京地区尚无一个综合性光学仪器研究机构。为此，除充实和加强现有的几个地方研究所外，需建立或扩建一个光学仪器研究所，承担这方面任务。

4. 有组织的开展大专院校与科研、生产单位的技术协作。大专院校着重于光学工业技术专题的研究和理论的探讨，企业单位则着重于工程技术的设计与实施，这样，有利于加快新产品的发展。

5. 光学工业属高精的轻型工业，应有良好生产条件——净化、恒温。除了改善目前的生产环境外，必须把工厂办成花园式工厂。

6. 需特别重视人才的培养，提高现有工人、技术人员、管理干部的业务水平，有的同志深有体会的谈到："没有人才就出不来新东西，新东西出不来就站不住脚。"应广泛开展业余教育，由高等学校提供师资和教材，企业单位应给予适当的物质报酬。

（北京仪器仪表学会、北京光学学会）

北京水资源问题学术讨论会总结报告摘要

（1980年7月26日）

北京水资源日趋紧张

三十年来，北京水资源的开发和利用做出了不少成绩，对保证首都城市建设、工农业生产和人民生活用水起了很大作用。

近几年来，城市和工农业的发展速度较快，用水量迅速增加。但是北京的地表、地下水源大部分已开发利用，水资源越来越紧

张。北京水利、地质、土建、环保四个学会联合召开的“北京水资源问题学术讨论会”，对一些问题统一了认识，并提出了建议。

一、北京水资源的评价

北京总面积一万六千八百平方公里，多年平均降水量为六百二十六毫米，总降水量为一百零五亿立米。枯水年降水仅二百四十二毫米。北京每隔六年左右出现一个丰水年，七年左右出现一个枯水年。根据统计资料分析，北京地表水多年平均总来水量为四十四亿八千七百万立米（其中本地产水二十五亿七千二百万立米，外地区流入十九亿一千五百万立米）。现有水库可控制百分之六十的山区面积。地表水可利用水量，一般年份（保证率百分之五十）为二十一点二亿立米，偏枯年（保证率百分之七十五）为十四点二亿立米，枯水年（保证率百分之九十五）为十点九亿立米。

地下水资源，补给量多年平均为三十亿零八千三百万立米，可开采量约为二十五亿立米。由于城区、近郊区超量开采，水位下降，自一九七〇年至一九七八年累计亏损量约十二亿七千八百万立米。目前近郊区已形成近一千平方公里的范围水位下降的大漏斗区，平均下降四点三四米，中心区最大降深二十米左右。

二、北京水资源的利用情况

北京有三大用水户，即城市生活用水、工业用水和农业用水。

北京的城市生活用水，目前主要采用地下水。现有地下水源厂七个，水源井二百六十八眼，供水量从一九五一年的一千一百万吨，增到一九七八年的二亿八千万吨。今后随着城市建设和旅游业的发展及人民生活水平的提高，用水量势必大大增加。根据估算，到二〇〇〇年，全市每年生活用水量将达十亿立米。由于近郊区地下水已经超采，所增加的用水量将取自于密云水库。即使将来密云水库不再供水给天津，其绝大部分的水量也将被本市生活用水取走，城市生活与工农业争水的矛盾将日趋尖锐。

北京工业用水量，一九七八年已经增至十三亿五千万立米。根据估算，到二〇〇〇年，用水量将达二十亿至三十亿立米。这样大的用水量，决非北京水资源能解决的。因此，今后北京工业的发展方向和速度必须视水源的多少而定，应控制发展用水量大、污染严重的火电、冶炼和石油化工等工业，适当多发展一些用水少、污染少的电子仪表等高精尖工业。

关于农业用水，全市农田总面积为六百四十万亩，农田灌溉面积已达五百二十万亩，总用水量约三十亿立米（其中地表水十三亿立米，地下水十七亿立米）。仍有一百万亩旱地需要解决水源。

一九七八年，全市总用水量已达四十六亿立米，展望二〇〇〇年，总用水量约为六十至七十亿立米左右。其中地下水按可采量二十五亿立米计，重复利用及污水处理后再利用按六至八亿立米计算，则要求地表水供应二十七至三十七亿立米，这就大大超过了本市所能提供的水资源总量。如遇偏枯水年，缺水十二点六至二十二点六亿立米，枯水年缺水十六至二十六亿立米。为保证北京用水需要，应考虑跨流域引水。

三、北京水资源开发利用中存在的问题

水资源的开发和利用长期以来没有统一规划和统一管理，造成了目前地下水超量开采，地下水位严重下降的现象。井位过密，彼此互相影响，互相争水，又造成设备和能源的浪费。有的在水源没有落实的情况下又新建工厂，增加了解决水资源的

困难。工业用水浪费严重，循环用水、重复利用不够。现在农业灌溉平均每亩年用水量高达六百立米。渠系利用系数只有零点五五。

水资源的污染。北京市的生活污水和工业废水基本上都是未经处理就排放走。现在官厅水库水质又趋恶化，永定河引水渠水质已属轻度污染。尤其是护城河、通惠河、凉水河已成为市区和近郊区的主要排污河道，污染十分严重，大部分河段水黑发臭。由于工业废水乱排乱放，地下水源也受到严重污染。南郊水源七厂已有四眼井因受有毒物质侵染而报废，市区已有十二眼水源井被迫停产，有百分之二十四的水源井硬度超过标准。房山县大面积的地下水被石油化工厂的废水污染，农民饮水已成为严重问题。

四、几点意见和建议

北京水利、地质、土建、环保四个学会共同建议：

1. 成立北京市水资源委员会，由一位副市长任主任，下设一个精干的办事机构，把水资源的开发和综合利用统一管起来。

2. 狠抓节约用水。除了采取各种节水措施和改革工艺外，最根本的是要从政策上去解决。如定额供水，超定额的加倍收费，限期改进节水措施和节水工艺等。

3. 加强对地下水的管理。打井必须经规划局、水利局同意，地质局进行规划设计，由市水资源委员会审批。未经审批不得施工。

4. 有计划地开发新水源。北京现有开发价值的水源有拒马河的张坊水库，大石河的黑龙关水库，永定河的付家台水库，还有补给地下水的西峰山和钻金岭水库。应考虑有计划地、分批分期地施工。

5. 有计划地健全污水排放系统，逐步修建污水处理厂。制定废水排放标准，各厂对有毒废水先在厂内处理然后排出。对重要水源地区要进行保护，严禁用污水灌溉。有关部门都要重视水源保护，进一步加强协作，努力把首都建设成为一个清洁、美丽的现代化城市。

北京七个学会联合讨论京郊耕作制度

（1980 年 8 月 25 日）

为了适应首都农业发展的实际需要，贯彻中国科协“二大”工作报告提出的：“要重视各学科、各专业的互相联系，加强学会之间、专业组之间的协作和配合。对现代化建设中带综合性的重大项目，要组织多学科协同作战”的要求。最近，市科协组织了“京郊耕作制度”联合讨论会。北京作物、农机、蔬菜、畜牧、土壤、水利、气象等七个学会和延庆、密云、房山、顺义、平谷、通县、大兴、朝阳、海淀、丰台等十个县（区）的六十五名科技人员参加了讨论会。会上，各学会的同志列举了具体数字和实例，深入地分析了现存耕作制度中的问题，大家畅所欲言，互通情况，使得部分意见趋于统一。同时，学科间也了解了相互的分歧所在，提出需要深入探讨的新题目。这次会议对京郊耕作制度的进一步改革起到了一定的促进作用。到会同志对以下几方面的问题，进行了认真的讨论。

一、耕作制度的改革必须因地制宜

大家认为，过去的耕作改制对本地区的粮食增产起了一定作用，但存在的问题是只重视了粮食生产，对耕地只用不养。农业是一个整体，耕作制度的改革必须有利于农林牧的全面发展，必须满足建设首都副食品生产基地的需要。

在种植方式上，平原地区的二茬套种、二茬平播、三种三收应长期共存。但以哪个为主，还应因地制宜，进一步试验。京郊地势复杂，气候多变，耕作制度改革不能一刀切。既要对套种进行研究，也要对平播继续实验；既要考虑到山区的特殊条件，也要想到平原地区的优越条件；既要保证粮食作物的稳产、高产、低消耗，又要为畜牧业和其它种植业的发展提供条件，忽视任何一方面的问题，片面强调某一学科的观点来确定耕作制度都是搞不好的。

二、农艺与农机的发展应有机地结合起来

目前农村农机农艺互相脱节，严重地影响着农机事业的发展。例如，北京郊区的种植方式很乱，有三尺、四尺、五尺五、七尺五、一丈等畦式。我们农机装备水平并不低，但由于种植制度多变，农机的配套无法跟上，严重地阻碍了生产率的提高。在讨论中搞农机的同志认为在目前条件下七尺半的畦比较适合现有机具，而搞作物的同志认为从长远观点出发，则主张发展丈畦。这样，就把五、六种种植方式归结为两种了。双方都认识到今后农机的发展应该首先考虑农艺的特点，农艺也应尽量按农机的发展来制定相适应的种植方式，使两者有机地结合起来，以便早日实现京郊畦式的规格化。

三、逐渐推广大面积种植绿肥、用养结合的耕种方式

大量调查数据表明，目前京郊的土壤状况已不适应高产稳产的需要。由于过去只从扩大复种指数，充分利用光能着眼，忽视

地力的培养，结果土壤理化性状变坏，产量不能逐年稳步上升。为此，土壤学会的同志着重指出，今后应该逐渐推广大面积种植绿肥、用养结合的耕种方式。如在三种三收的地块，改以粮食为主为两粮一肥，或两粮一豆，在两茬平播的地块，切实做好秸秆还田，就能增加土壤中的有机质，节省化肥，降低粮食成本，使产量稳步增加。作物学会的专家也很支持这一观点。大家共同提出，今后还要在种地养地上大力进行宣传，加强试验，搞出典型，对基层社队的经验加以科学的总结和推广。

四、要切实做好粮牧结合

过去我们对农牧结合重视不够，造成很严重的后果。例如，由于没有重视饲料的发展和研究，北京第一个机械化养猪场损失了万头猪。其它行业一样，学习外国的先进经验，必须结合本地区的实际情况。在没有物质基础的条件下搞机械化养猪、养鸡厂的结果只能是劳民伤财。畜牧学会的同志们提出要发展畜牧业应首先解决饲料和饲草问题，并根据不同地区的特点确定发展哪种牲畜。应该退耕还牧的要坚持退还，切实做好粮牧结合。

五、要重视农业发展和水利资源的关系

水利学会的同志们在讨论中提出，要重视农业发展和水利资源的关系。他们介绍了北京目前水利资源和八五年至本世纪末水的需要量及发展情况，并指出目前北京的地下水位在逐年下降，官厅水库的污染日趋严重，密云水库的水还要供应天津一部分，随着市民居住条件的改善和工业的发展，城市用水量也在逐年激增。因此，水浇地面积不能再继续扩大。京郊农业用水，必须强调节约的原则，否则水资源没有保证，农业的发展计划必将落空。

六、要研究气候条件对农业发展的影响

近几年，农业减产的重要因素之一是低温冻害。目前北京地区的积温还在逐年下降，今后对这个问题要给予应有的重视。为充分利用光能，京郊应按比例发展套种，以达到增产增收的效果。

七、菜区的耕作制度也必须调整改革

由于郊区蔬菜地不能做到倒茬种植，土壤中的多种病毒和细菌不仅未能根除反而逐年增加，以致产量下降。为了改变目前这种状况，他们提出：有些老的种植方式，如粮菜间作套种、“三大季”应该恢复，还应迅速建立起垃圾分理站，多供应一些适应蔬菜生产要求的农机具。

结合以上几个问题，大家感到，北京地区耕作制度存在着四个失调，即：粮食作物和经济作物失调；用地养地失调；农、林、牧、副的比例失调；作物的种植和环境失调。今后，应在争取生态平衡的前提下，重视肥料、饲料、油料的安排，切实做到粮油、粮菜、粮饲、用养、农机农艺五结合，为京郊大农业的发展打好基础。

有关科技人员几个问题的情况和意见

（1980年9月5日）

市科协“二大”期间，一些专家和区（县）的代表，就本市科技工作者的状况反映了不少问题，并提出一些相应的建议。

一、人员归队、归口，机构适当调整。

据了解，在当前技术力量不足的情况下，仍有部分专业人员调作其他工作。朝阳区农科所副所长肖春久反映，该区有68年以前原北京市劳动大学中专部毕业生47人没有归队。据说这种情形其他各区也有。他建议市或有关区把这些人员组织起来加以培训，合格者发给证书，结合专业择优录用。

在职技术人员中，用非所学，专业不对口的也不少。丰台区科协代表反映，有的单位叫科技人员跑情况，催进度，跑材料，当“总统”……，因此，强烈要求人尽其才、专业对口。在这方面，北京工大副校长陈明绍反映，有的单位有本位主义，“保存实力，压制人才”。因此，他建议使用部门与培养部门挂钩，人事部门建立业务档案，改进人才的管理体制。

在技术人员长期稳定于本专业的基础上，为了更好地发挥他们的作用，密云县农林局副局长李健敏建议改变管理体制的现状，把由县、社、队分管，改为“由区（县）各对口局统一管理使用。这样有利于人才的培养和专长的发挥。其中擅长教学的可用于培训，擅长群众工作的可用于推广，擅长试验的可用于科研”。怀柔县林业局局长李荣根说，该县商业部门和林业部门各

有一摊技术人员搞养蜂、养蚕，重复浪费，建议市有关部门协商后，统一归口交林业局管理。

丰台区农科所副所长谢秀先认为，目前郊区县按行政区划设农业科学研究所的体制，由于技术力量不足，不利于科研事业的发展。他建议改按自然区划设单项作物研究所，如密云搞花生，近郊搞蔬菜等，并把人员作相应调整，这样有利于专业才能的发挥。同时，他还要求明确各级技术人员的职务，作到有职有权。

二、加强技术培训和业务进修。

代表们对十年浩劫之后，各级科技人员的业务技术水平远远不能适应“四化”需要这一点，感触很深，因此，对在职科技人员的培训和进修呼声很高。

丰台区作物学会调查，该区社队三级共有技术干部和科技员1731人，繁种和示范基地1984亩，对促进本区农业生产的发展起了一定作用。但有些社队领导对这支力量重视不够，想撤就撤，想换就换。这些科技人员本身基础知识差，业务水平低，且兼职过多。近年来又缺乏系统培训，因此，愈来愈不能适应形势的需要。为了解决这个问题，该学会建议：(1)市有关学会统一编写郊区社队两级农业技术员应知应会标准和相应的学习资料。(2)今冬农闲进行培训。(3)培训后考试，合格者发证书，公社并酌发技术工作补贴(或工分)；调动工作需经区县主管科技部门同意。(4)区县设技术推广科。通县农机局方荣华主张除短训班以外，还可以采取函授或订立老中青师徒合同等形式进行培训。

密云县农林局李健敏建议市科委开办农艺师进修班，内容包括科技动态、外语、新技术和科技管理等；还要开办区县领导干部进修班，解决如何领导科学技术和使用技术干部等问题。他认为，抓住这两部分人，基层科技人员当中的问题就迎刃而解了。

为满足各级对科学管理人才的需要，中国科学院动物研究所副所长马世骏和北京市农科院植保研究所所长徐顺依建议，除在本市有条件的大学设立科学管理学系外，还要有计划地举办一些科学管理培训班和组织这方面实际工作经验的交流。

清华大学热能工程系教授黄鼎模提出，在职科技人员和高等院校教师的“知识陈旧率”问题，希望“在市科协或其它主管部门的主持领导下，开办各种短期专题进修班，以推广各种新技术、新理论。”

一般科技人员晋升高级职称（如高级工程师、副研究员、副教授），北京光电所工程师颜炳云主张不由行政领导决定，而由各有关学会组织专家审定，以保证名实相符。

三、改善科技人员的生活待遇。

东城建筑工程公司技术科贾肇明对他们单位技术人员和工人的工资（不包括奖金和附加工资）作了一个对比调查。55～56年中专毕业3人，平均工资54.83元，55年参加工作的工人2人，平均工资76.75元，56年参加工作的工人27人，平均工资70.33元；59～60年中专2人，平均工资49.50元，大学1人，58元，60年参加工作的工人41人，其中6级3人，5级12人，4级11人，3级15人，平均工资64.54元；63～64年中专4人，平均工资47.00元，大学2人，平均工资54元，65年参加工作的工人9人，平均工资50.86元。以上大中专毕业生的平均工资52.47元，工人平均工资65.62元。

上面这个调查虽然只是一个单位的情况，但也大体上反映了当前技术人员的收入和生活状况。除此之外，他们还有两地分居、住房狭窄、家务操劳等后顾之忧。为此，通县农机局方荣华

大声疾呼，请市委和林乎加同志亲自过问，要求像云南安平生同志那样解决这些问题。

17省市蔬菜专家对北京市蔬菜生产提出的意见

（1980年10月24日）

10月8日，市科协邀请参加农业部蔬菜技术学习班的17个省市的科研和教学人员23人，由田夫同志带领，考察了丰台区黄土岗公社樊家村四队，海淀区玉渊潭公社温室和海淀区四季青公社西冉村三队，并进行了座谈。座谈会上有10位同志发了言，坦率地提出以下几个方面的意见：

一、育种方面：

沈阳农学院魏育棠认为，“杂优化”的提法不科学，应该提“良种化”。杂种遗传型单一，往往不能适应比较复杂的条件，如果第一代杂交种与现有的品种产量相近就不合算。强调“杂优化”还容易忽视现有品种，使良种“后继无人”。会上两位专家提到北京心里美萝卜这个品种，说这是至今杂交种所不能取代的，希望北京珍视并保护好类似心里美萝卜这样的优良品种。浙江农大蒋有寻认为，培育新种、交流良种是好的，但经试验后要保持品种的相对稳定，不应更换过于频繁，更不要混淆生产品种与中间试验品种。樊家村大棚的黄瓜，据说是“津研4号”品种，天津农科院蔬菜所吕淑珍看了之后说，“津研4号”是抗白粉病和霜霉病的，现在白粉病和霜霉病这样严重，恐怕品种早已混杂了。他建议我们到天津去换种，不要再用这个品种了。广州市蔬菜所陈俊权建议我们引种广州短条多瓜的黄瓜品种。东北农学院的同志则建议我们引种一些厚皮蕃茄，以减少上市损失；芹菜可引种每棵重达3—4斤的外国白芹。在育种途径上，沈阳农学院魏育棠主张怎么方便怎么办，不要哪个新鲜搞哪个，例如辽宁大白菜主要利用两用系，黄瓜利用雌性系，如果露地品种超不过“津研系统”，保护地品种超不过“长春密刺”，意义就不大，关键在于选组合。辽宁省农科院李惠清希望北京不要光重视大白菜的数量，更要注意品质的改进。

二、栽培方面：

座谈会上好几位专家批评了重育种轻栽培的思想。旅大市农科所初莲香认为北京是首都，要求应高些；过去参观四季青公社温室时，看到从育苗到栽植管理都比较粗放，对此提出坦率的批评。大家认为培育一个新品种需要较长的时间，从育种方面解决毒病问题，一时难以实现。沈阳农学院魏育棠认为，杂交一代制种较困难，杂交第二代尚有50%的优势，仍有利用价值。东北的专家对青椒谈的较多。他们认为青椒主要是毒病为害，抗毒病的品种美国也没有育成，解决单产降低的问题，主要应从栽培着手。为此，沈阳、长春、哈尔滨三市组织了协作。鉴于青椒既怕旱又怕涝，既不耐低温又不耐高温，黑龙江采用营养方育苗的办法，定植时深刨坑，浅复土（或分期复土），到七月份高温时复土已厚，可以保护根系。他们还主张多施粪稀。辽宁介绍了青椒小拱棚覆盖的成功经验。这种作法可提前20天定植，产量一般为7000—8000斤/亩，高的可达12000斤/亩，如前后期各盖一个月，可达14000斤/亩；采用地膜覆盖，产量也可达到

7000—10000 斤 / 亩，新疆、广州和天津的专家都认为，蔬菜连作会增加病虫害，主张菜粮轮作。新疆八一农学院李国正对玉渊潭公社温室蕃茄连作 6 茬感到惊讶。哈尔滨市蔬菜所杨德丰主张轮作搞集约栽培，他们在一块种过水稻的地里种植京丰一号甘蓝取得 15000 斤 / 亩的收成。

三、植保方面：

大家一致对玉渊潭温室粉虱之多感到惊讶，认为这有损于首都的声誉。辽宁省农科院李惠清担心它传播病原，扩展到全国。广州市蔬菜所陈俊权建议我们试用几种农药轮用并加 0.1% 的汽油，用机动喷雾器喷雾的办法治理。他认为这种办法可能奏效。东北农学院的同志则主张采用生物防治，例如培养粉虱的天敌如寄生蜂等，现已有四、五种天敌可利用。甘肃农业大学周月娟介绍说，日本曾研究黄色、银色对蚜虫的影响，他建议我们的科研单位，把防治粉虱列为课题。

四、其它方面：

为了供应淡季和调剂品种，广州市蔬菜所陈俊权建议我们引进广州的菜苔，多种一些黑色薄膜覆盖的韭黄。当前，重工副业轻蔬菜的思想，造成蔬菜第一线劳力不足。浙江农业大学蒋有寻认为，早春小拱棚增产效果很好，但需用劳力较多，他建议适当种些栽培粗放的品种，以调剂用工。此外，有些同志还提到，要设法减少蔬菜运输上市的损失。

丰台区科协关于首都环境保护工作的建议

（1980年10月25日）

中央在京单位要做好首都环境的保护工作

中央书记处对北京市建设方针提出的四点建议，是对北京工作的大力支持。北京是全国的首都，搞好首都的建设是首都人民义不容辞的责任。中央许多单位设在北京，应配合我们一起来搞好首都的建设。首都环境的保护，如果没有中央单位的大力协助是搞不好的。

丰台云岗地区是一个带战略性的科研基地，位于北京西南约20公里处，人口稠密，大约有15万人。这个基地有七机部的101试验站、八机部的第三研究所等单位。101试验站从六十年代就使用毒性较大的燃料，排放出大量的有害气体和未经处理的废水。附近居民反应〔映〕，有害气体熏人，发病的人比过去增多，群众很担心自己的身体健康。

在云岗的西平房宿舍南边还有一条臭水沟，507电厂往里边排放的煤灰、废水、废油，不仅危害当地居民，而且对附近生产队的田地也造成很大的污染。这条臭水沟多年未曾治理，70年还发生过一次火灾，群众反应很强烈。

丰台东铁营地区有几十个重点工厂，有化工、农药、油漆、日用化学、制胶、炼油、皮革、电镀、冶炼等单位。每年使用对环境有污染的原料十几万吨，其中排放到水中的有近万吨（每天

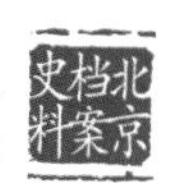

排入凉水河未经任何处理的废水有73,000立方米)，排放到大气中的有几千吨，除烟尘、一氧化碳、二氧化硫外，还有氯甲烷、芳烃及脂肪烃类、甲醛、氯气和盐酸气等，共30多种污染物质。对上述污染，主管单位迫于群众的呼声和压力，有时勉强解决一两项，但跟着又出现了新的更多的污染，多年来总是得不到解决。为解决这些问题我们提出以下建议：

一、凡是中央在京单位所造成的污染，由国务院统一进行登记，根据污染的严重程度，分别轻重缓急，分批限期解决。

二、为了保护环境，党制订了“三同时”（设计、施工，生产的同时必须考虑“三废”治理）的政策，并且强调不执行“三同时”即勒令停产。现在国家又通过了“环境保护法”，环保部门应有职有权，并要认真执法。

三、赏罚分明，大张旗鼓地宣传、表扬和奖励“三废”治理好的单位，批评惩罚对治理“三废”无动于衷的单位，并制订严格的法令，杜绝新污染源的出现。

1985年北京市支持鼓励科技进步史料两则

科技成就的取得，离不开党和政府对科技工作的积极鼓励和大力支持。一直以来，我们党都将“科技创新”放置十分重要的战略地位，积极鼓励科技事业的发展。在革命时期，党就高度重视知识分子工作；新中国成立后，全国就吹响了“向科学进军”的号角；改革开放时期，提出了“科学技术是第一生产力”的论断；进入新世纪，深入实施知识创新工程、科教兴国战略、人才强国战略，不断完善国家创新体系、建设创新型国家；党的十九大确立了到2035年跻身创新型国家前列的战略目标，党的十九届五中全会提出了坚持创新在我国现代化建设全局中的核心地位，把科技自立自强作为国家发展的战略支撑。

本组史料收录了1985年北京市政府发布的关于设立市科技开发基金的有关事项和《北京市科学技术进步奖励办法》，记录了市科技开发基金的管理和使用，以及对科学技术进步奖励的界定和具体执行办法，对研究北京市积极推动科学技术事业的发展举措具有一定的参考和研究价值。现予整理公布，供研究者参考。北京市档案馆藏，档号：7-3-329、257-1-584。

——选编者　李　泽

北京市人民政府
关于设立市科技开发基金的通知

（1985 年 8 月 7 日）

京政发〔1985〕113 号

各区、县人民政府，市政府各委、办、局，各总公司，各高等院校：

为贯彻执行《中共中央关于科学技术体制改革的决定》，改革科研拨款制度，推进本市科技体制改革，更好地为本市经济、社会发展服务，市政府决定设立科技开发基金。现将有关事项通知如下，望依照执行。

一、科技开发基金的来源，主要依靠市财政拨款，逐步争取市政府各委办出资，也鼓励企业、社团和个人捐赠。目前，这项基金的主要来源有三：一是实行技术合同制（即有偿合同制）的单位核减的事业费由市里集中，分为市、局两级基金（市科技开发基金占核减事业费百分之七十，局级基金占百分之三十。每年市财政安排预算支出的增长部分随之加入两级基金）；二是使用本基金的科技开发项目的回收资金；三是工商银行科研开发信贷资金。

二、科技开发基金的使用原则是：根据本市科技发展规划和年度科技计划，对有重大经济或社会效益的科技开发项目、实验基地建设和国家工业性试验项目择优予以资助。

在近三、五年内，要通过承担本基金项目，对实行技术合同制改革的科研单位，予以重点扶植，提高其开发能力，增强后劲，使改革健康发展。

科技开发基金根据项目的性质和承担项目单位的经济力量，分全额无偿使用、部分无偿使用和全额有偿使用等三种。

三、科技开发基金通过合同的方式进行管理。重大项目试行招标，一般项目实行专家评议，择优支持，专款专用，有奖有罚。

科技开发基金资助的项目，一般应有接产、应用单位参加。以企业为主的项目，应在企业自筹大部分资金的基础上，按合同拨款给企业，由企业与科研单位合作承担。

科技开发基金拨款的具体办法，由市科委和市财政局商定。

四、为加强对这一工作的领导和对基金的管理，决定在本市科技领导小组领导下，成立北京市科技开发基金委员会，负责审定、检查和监督本基金的使用计划。委员会由市科委、计委、经委、其他有关委办和财政局、工商银行北京市分行指定的负责同志组成，其日常工作由市科委负责。

随基金委员会工作的进展、资金来源的增加，可增设各种专业基金组。

北京市人民政府

一九八五年八月七日

北京市人民政府发布《北京市科学技术进步奖励办法》的通知

（1985 年 8 月 12 日）

京政发〔1985〕115 号

各区、县人民政府，市政府各委、办、局，各总公司，各高等院校：

现将《北京市科学技术进步奖励办法》发给你们，望遵照执行。

北京市人民政府

一九八五年八月十二日

北京市科学技术进步奖励办法

第一条 为奖励在推动科学技术进步中做出重要贡献的集体和个人，调动和发挥科学技术人员的积极性和创造性，促进本市科学技术进步，根据《中华人民共和国科学技术进步奖励条例》，结合本市情况，特制定本办法。

第二条 本办法奖励的范围包括：应用于本市社会主义现代化建设的新的科学技术成果；推广、采用已有的先进科学技术成果；在科学技术管理和标准、计量以及科技情报等工作上创造性的贡献。

第三条 凡具备下列条件之一的，可以申请市级科学技术进步奖。

（一）应用于本市社会主义现代化建设并取得较大经济效益

或社会效益的新的科学技术成果：

（1）新材料、新产品，经过中间试验或小批量生产的；

（2）新技术、新工艺、新测试方法，经过生产实践或科学实验验证的；

（3）新的诊疗和防治技术，经过实践，有一定数量的病例，证明确实安全有效的；

（4）新药、生物制品，经国家专业管理部门鉴定、批准，并已进行生产的；

（5）农作物新品种，经过三年区域试验、观察和鉴定，证明比原有品种显著增产或有特殊的优良性状，且能提供相当数量的种子、种苗进行推广的；

（6）其他农、林、牧、渔业科技成果，经过试验，取得可靠的科学数据，并经较大面积、较大规模生产考验的；

（7）资源考察、勘探成果，有可靠数据，科学论证严谨，有一定的创见，并对有关部门的决策起决定性作用的。

（二）在重大工程建设、技术改造、环境保护和其它方面推广、采用、转让已有的先进科学技术，以及在消化吸收引进技术中作出创造性贡献，并取得显著经济效益或社会效益的。

（三）运用科学管理理论、方法、技术，在推动科技管理改革、组织重大科技攻关和技术改造、重大设备研制、重大工程建设或开发新产业中作出创造性贡献，并取得显著经济效益或社会效益的。

（四）标准、计量科技成果：

（1）计量基准和各级计量标准（包括标准物质），已被国家专业部门和企业采用，对统一全国量值有重大作用的；

（2）计量精密测试技术，具有推广价值和显著经济效益或社会效益的；

（3）计量检定系统与计量检定规程，对改进提高计量技术做出创造性贡献的。

（五）在重大专题技术情报、战略综合科技情报、单项技术情报、情报服务等方面，做出创造性贡献并取得显著效果的。

第四条 市级科学技术进步奖，根据申报项目技术水平的高低，经济效益、社会效益和对科学技术进步的作用大小，分下列三等：

一等奖：授予市级科学技术进步奖证书，奖金六千元。

二等奖：授予市级科学技术进步奖证书，奖金三千五百元。

三等奖：授予市级科学技术进步奖证书，奖金一千五百元。

评审标准：

一等奖：主要技术指标达到国际先进水平，对促进科学技术进步有明显作用，经济效益或社会效益明显。

二等奖：主要技术指标接近国际先进水平，带动某一方面的技术进步，经济效益或社会效益较大。

三等奖：属国内先进水平，有一定的经济效益或社会效益。

第五条 对推动本市科学技术进步、经济建设有特殊贡献的重大科技成果，经市人民政府批准，可以授予市级特等奖。对市级特等奖获得者，颁发奖状，给予重奖。

特等奖评定的标准是：技术先进，达到或超过国际先进水平，在科学领域里有新的突破，并取得重大的经济效益或广泛的社会效益。

第六条 市级科学技术进步奖证书的授予和奖金的分配，按以下办法办理：

（一）对获奖项目的主要完成单位，授予集体证书；对获奖项目的主要完成者，授予个人证书。同一获奖项目授予个人证书的，一般不得超过三人。

（二）奖金要按照按劳分配的原则，根据完成者的贡献大小合理分配，不得平均发给，主要完成者所得奖金不得少于奖金总额的百分之七十。授予个人的奖金，一定要如数发给本人。几个单位共同完成的获奖项目，奖金发给项目主持单位，由项目主持单位召集共同完成单位商定奖金分配方案。一项成果不得重复获奖。

第七条 设立北京市科学技术进步奖评审委员会，负责市级科学进步奖的评审、批准和授予工作。评审委员会的日常工作，由北京市科学技术委员会办理。

第八条 市级科学技术进步奖的审批程序：

（一）申请科技进步奖的单位按照隶属关系上报，由各区、县，市属局、总公司和高等院校负责本地区、本系统、本部门申报的项目进行初审，符合条件的，报市科学技术进步奖评审委员会审批。

（二）中央在京直属单位、中央与地方双重领导单位以及外省市单位完成的对首都经济建设做出贡献的科技成果，由各该单位初审，符合条件的，报市科学技术进步奖评审委员会审批。

第九条 申请国家级科学技术进步奖，按《中华人民共和国国科学技术进步奖励条例》的规定办理。由市科学技术委员负责初审和上报。申请者可直接申请国家级科技进步奖，也可先申请市级科技进步奖后，再申请国家级科技进步奖。

第十条 申请科技进步奖，要严肃认真，实事求是。对弄虚作假或剽窃他人成果的，要撤销其奖励，追回证书、奖金，并视情节轻重由申报单位的上级机关给予批评或处分。

第十一条 本办法由北京市科学技术委员会组织实施。执行中的具体问题，由北京市科学技术委员会负责解释。

第十二条 本办法自一九八五年九月一日起施行。

20世纪80年代北京市专利工作史料

专利是法律保障创造发明者在一定时期内由于创造发明而独自享有的利益，属于知识产权范畴。专利工作能够广泛调动智能、促进实用技术的发展和应用，从而推动科学技术进步和经济社会发展。新中国成立之初，国家虽然颁布了奖励和保护发明、技术革新等方面的条例，但专利制度一直未能建立起来。改革开放初期，国家管理和科技事业百废待兴，经贸和科技领域出现了建立专利制度的呼声。1980年1月，国务院批准了国家科委《关于建立专利制度的请求报告》，同年5月，中国专利局正式成立，负责指导全国的专利管理工作。1984年3月12日，第六届全国人大常委会第四次会议通过了《中华人民共和国专利法》（简称《专利法》）。之后，我国专利事业逐步步入正轨，鼓励发明创造的社会氛围逐步确立。经过1992年、2000年、2008年和2020年的四次修正，《专利法》为我国逐渐成长为专利大国、以至今日建设知识产权强国打下了坚实的基础。

北京市的专利工作初创于20世纪80年代。由于首都的科研单位、大专院校、大企业多，专利、发明项目多，发明创造任务重，涉及专业面广，1984年9月，北京市科委提请成立北京市专利管理局，经市政府同意，同年11月市专利管理局成立，归口市科委领导。1985年4月，《专利法》开始实施，为贯彻落实《专利法》，1986年2月，北京市政府颁发了《关于专利管理工作的若干规定》，1986年4月，北京市科技领导小组下发了《关于将专利工作纳入科技管理体系的通知》，这两份文件促使北京市迅速建立起运转灵活的专利工作体系和一支从事专利工作的队伍，各区、县、局、总公司、部分大型企业以及高等院校、研究院所都确立了专人或专门班子负责专利管理工作。到1990年底，北京地区共有专利机构75个；专利事务所100个；专利工作队伍660人①。

据档案记载，从1985年4月1日至1986年3月31日，全市共申请专利1868件，其中发明专利申请865件；已批准专利102件，其中发明专利26件；在实施方面仅以49项已公开、公告的申请专利计，已创产值1428.9万元。据北京市知识产权局网站公布的统计信息，2022年1—3月，北京市专利授权量48130件，其中发明授权量17896件。截至2022年3月，全市有效发明专利量420140件。每万人发明专利拥有量达到191.9件②。对比前后两组数据，可谓天壤之别，但不可否认的是，20世纪80年代北京市专利工作起步之初的探索，为当今全市专利申请和授权数量持续高速稳定增长、质量不断提升的局面创造了良好的开端，为今天的高质量建设知识产权强国示范城市、打造知识产权首善之区奠定了坚实的基础。

本组史料收录了北京市政府批准成立专利管理局的通知，颁布专利管理工作的若干规定；北京市专利局关于专利管理工作暂行条例，组织开展专利申请工作、已申请专利的技术许可贸易、加强《专利法》宣传以及1986年的工作计划和总结；市机械工业总公司关于将专利工作纳入科技管理体系的通知、要求及其制定的《企业专利工作管理试行办法》等，这三方面

---

① 北京市地方志编纂委员会编：《北京志 · 科学卷 · 科学技术志》，北京出版社，242页。

② http：//zscqj.beijing.gov.cn/zscqj/zwgk/tjxx/325789111/index.html.

的档案史料反映了市政府、专利主管机关和企业三个层面开展专利工作的基本情况，对于研究这一阶段北京市专利工作的起步发展具有参考和借鉴意义。

北京市档案馆藏，档号：7-3-299，117-4-1335、1534，187-3-816、865，363-1-17。

——选编者　王海燕（处长）

市政府办公厅关于成立北京市专利管理局的通知

（1984 年 11 月 17 日）

京政办发〔1984〕123 号

各区、县人民政府，市政府各委、办、局，各总公司，各高等院校：

根据国家经委、国家科委、劳动人事部、中国专利局《关于在全国设置专利工作机构的通知》精神，市人民政府决定成立北京市专利管理局，其主要职责是：制定专利工作规划和计划；组织协调专利工作并实行业务指导；处理专利纠纷；管理许可证贸易和技术引进中有关专利的工作；组织专利工作的宣传教育和干部培训；领导专利服务机构。市专利管理局由市科委领导，编制十五人，使用事业编制。

北京市人民政府办公厅（印）

一九八四年十一月十七日

抄报：国务院办公厅

抄送：市委办公厅、各部、委，市人大常委会办公厅，市政协办公厅，北京卫戍区，市高、中级人民法院，市人民检察院、检察分院

市专利局关于进一步开拓专利申请与代理工作的通知

（1985年7月1日）

（1985）京专办发第45号

各区、县、局、总公司、高等院校、科研院所、各专利事务所：

自四月一日实施专利法以来，北京地区专利工作取得一定进展，截止六月底，北京地区专利申请项目数量已达915项，但各部门各单位发展很不平衡，在专利申请数量上高等院校和科研单位较多，产业部门偏少。为了进一步开拓专利申请与代理工作，请各单位做好以下工作。

一、进一步搞好宣传和发动工作。

由于在我国建立专利制度是新的事物，人们对于申报专利的重要性还不很理解，为提高从事发明创造活动的单位和个人对申请专利的积极性，七、八月份要进一步普及、宣传专利知识，其做法是深入到生产、科研、设计、教学第一线，使基层的领导和广大科技人员都了解为什么要实行专利制度、什么样的发明创造可以申请专利以及怎样申请专利。在此基础上，各单位要挖掘现有的发明成果，并制订出下半年的申请计划，于七月底前寄送市专利管理局。

二、落实申请专利的组成管理工作。

我市已有54个区、县、局、总公司建立了专门的专利管理班子，许多单位都是由一位副县长、副局长、总工程师担任专利管理负责人。班子建立起来以后，需要抓紧制定本单位的制度措施，把业务工作开展起来。

首都钢铁公司已把专利管理工作纳入全公司经济技术责任制的内容，分清各级专利工作人员（技术部部长、专利科科长、专利管理员、专利代理人、专利文献检索员等）的职责，确定专利工作的一些具体做法。在专利申请上他们指定由厂一级提出申请项目，起草申请文件，然后由公司技术部审定修改，最后部〔由〕专利代理人负责完成申请的全过程，并且规定，公司所属单位的新技术成果该申请专利的而不申请专利，即为失职，要扣发奖金。

清华大学在每个系都配备了具有一定业务能力和献身精神的兼职代理人，结合科研第一线的实际，认真宣传普及专利知识和开展咨询工作，制定了比较严谨的组织和代理专利申请的程序：发明人提出申请——校内审查——文献检索——调查讨论——文件起草——整理审定定稿。校系两级有工作计划。

根据调查，凡是宣传发动工作做得好，组织管理工作健全，调动了单位领导、发明创造积极分子和专利代理人员三方面积极性的单位，专利申请局面就有生气、有进展。请各单位主管专利工作的领导同志认真督促检查申请专利的工作情况，并制定相应的措施。

三、进一步加强专利代理事务所建设。

全市已设有 32 个专利代理事务所，最近还要核准注册一批。为了把专利代理事务所建设好，请各事务所的主管部门要及早配备任命事务所的领导班子，其中面向社会服务的事务所所长原则上应由处（副处）级干部担任，并配备好主管业务的助理人员，各类事务所负责人的任免事项均请报我局备案。请各主管部门责成并协助事务所确定专职和兼职专利代理人的工作制度、工作程

序和合理报酬，为各所解决必要的开办事业费（包括建立账户、添置必要的设备、资料等）。

四、通过实施实例推动专利申请。

专利制度的生机活力在于专利实施，只有通过实施或许可他人实施，才能取得实际的经济效益，鼓励进一步的发明创造。也只有通过实施，让专利技术转化形成生产力，才能在经济建设和科技进步上发挥作用。

为了使人们早日信服地认识专利实施的效益，请各单位着手酝酿组织实施“准专利”技术，即已申请专利而尚未公布和批准的发明创造，让那些有明显实用价值，在技术经济上有竞争力，有潜在市场前景的技术得以早日作为技术商品投入技术市场流通。各单位可以把专利代理人组织起来作为专利技术流通的经纪人，迅速开展此项工作。

面临这项新的尝试，作为技术交易中介方的专利代理人要慎重从事，对于经手的发明技术和买卖双方要有足够的了解，能动地引导签订好许可合同。由于准专利技术尚未公布和经过审查，因此，在订立这种类型的许可合同时，特别要在卖方担保条款和买方保密条款上作出明确规定，以保证准专利的技术效果和未公布前的必要保密。请各单位按京政办发〔1985〕33号文要求，将实施许可合同及时报送我局。

我局拟于九月上旬召开一次由区、县、局一级主管人员参加的专利管理工作会议，请各单位提前作好准备。

北京市专利管理局（印）

一九八五年七月一日

附：一九八五年下半年度专利申请项目计划表〈略〉

抄报：中国专利局

市专利局关于继续做好发动组织专利申请工作的通知

（1985年9月16日）

（1985）京专办发第67号

各区、县、局（总公司）、高等院校、科研院所专利管理部门：

发动和组织专利申请是专利管理工作的一项重要内容，我市许多单位在这方面作了不少工作，取得了好的效果。自专利法实施以来，我市的专利申请进展良好，专利申请量一直居全国首位。中国专利局九月十日首批公告的150件专利申请中，国内申请量为124件，其中北京有57件，占国内申请量的46%。专利申请量的多少，在一定程度上反映了社会各方面对专利制度的认识和信赖。

但从目前情况看，北京地区的专利申请工作很不平衡。七月份以来，我局局长带队走访了十多个区、县、局、总公司，举行多次座谈会，了解到目前一些单位在专利申请上还存在很多疑虑。诸如：专利申请手续烦琐，待批时间长，不如技术转让快；专利申请要花钱，一时看不到经济效益；申请专利权的作用不大，对侵权不好跟踪，对法律上能否保护发明创造表示担心；技术成果是“硬指标”，列入年度计划，有承包责任制，而申请专利是“软指标”，无计划要求，等等。这些疑虑影响申请专利的积极性。此外，有些科技管理部门较多地忙于其它工作，顾不上组织申请专利。凡此种种，使一些部门、单位的专利申请工作没

有开展起来。有的工业总公司，在专利申请上仍然空白。为了解决这些问题，当前需要切实调动各级领导、发明者和专利工作人员三个方面的积极性，进一步落实以下工作。

1. 请各区、县、局（总公司）要落实负责专利工作的人员，抓专利申请的组织发动工作。

2. 请各单位主管领导同志近期内过问一次专利工作，把组织申请专利工作纳入科技管理工作议程。

3. 继续组织好宣传专利法的工作。当前主要宣传三个问题：（1）在我国为什么要实行专利制度；（2）什么样的发明创造可以申请专利；（3）怎样申请专利。宣传方式应短小精焊〔悍〕，灵活多样。有的区、总公司召开所属的厂、院、所主要技术负责人会议，为他们开办专利课，这种形式很好，同时还应深入到基层宣传，使从事发明创造活动的科技人员及其他人员对专利法都有一个基本了解。

4. 组织落实专利申请规划，挖掘现有成果，今后要引导研制符合三性的发明创造。

5. 组织专利代理人开展业务活动，进行专利申请咨询、代理，并切实保证申请文件的质量。现在有些单位拥有多名代理人，但并未开展专利服务工作，请有关领导给予重视和支持，充分发挥他们的作用。

在调查访问过程中，发现有些区、县、局（总公司）在开展专利工作方面很活跃，领导亲自过问，专利工作人员敢于负责抓工作，专利工作搞得很有生气。一些单位并能联系实际，提出解决有关专利工作问题的具体办法，制定措施。现将首都钢铁公司专利工作经济责任制简介，及市机械工业总公司关于科技计划项目召开鉴定会与申请专利关系的处置意见的通知转发给你们，供参考。

目前技术市场活跃，为了提高申请专利的积极性，对于已申请专利、但尚未公布和批准的技术进行探索性的实施工作是十分重要的。据了解，现在有一些已申请专利的技术，签订了各种形式的许可合同，但这一工作存在着不少问题。为了做好此项工作，我局准备在近期内另发通知。

附件一：首都钢铁公司专利工作经济责任制简介

附件二：北京市机械工业总公司关于科技计划项目召开鉴定会与申请专利关系的处置意见的通知

北京市专利管理局（印）

一九八五年九月十六日

附件一：首都钢铁公司专利工作经济责任制简介

在我国开始实行专利制度的新形势下，如何贯彻执行专利法，促进企业技术进步，是摆在企业工作中的一个新课题。通过不断的学习、摸索，使我们认识到搞好专利工作必须建立起专利工作经济责任制，使专利管理系统化、规范化、制度化，这是促进专利工作的好办法。

专利工作经济责任制内容有五个部分：（一）专利工作标准；（二）各级专利人员的责任；（三）专利工作内容和程序；（四）各部门专利工作的协作；（五）专利工作考核。

专利工作是一项技术业务比较复杂、政策性很强的工作，专利工作的标准必须保证：认真贯彻执行专利法和专利制度，专利管理工作要紧密地与生产相结合，为企业技术开发、经营管理、生产发展服务，保护公司专利权不受侵犯。

"标准"规定,"对公司内的发明,根据专利法及发明创造的经济效益及时准确地提出申请专利的建议"。对专利代理人要求:做好专利申请工作,申请文件要符合专利局要求,及时通过形式审查。对专利检索工作主要规定了:检索要"快、全、准"等。在整个标准中,我们主要体现了一个"高"字,只有高标准、严要求,才能百分之百地执行专利法,搞好专利工作。

在"责任"和"工作内容及程序"中主要体现了一个"全"字、一个"时"字,即:专利工作内容要全,工作要有时限要求。因为专利工作时间性很强,如果拖延时间,就很可能失掉某项专利权的申请时机。我们在责任中,分清了专利工作每一级应负的责任,技术部部长、专利科科长、专利管理员、专利代理人、专利文献检索员、技术部各专业科科长和专业员、各厂(矿、院、所)主管专利工作的领导、技术科(科研科)科长和专利管理员等八类人员都层层分清责任,做到各负其责。理清了公司内有关部门与基层单位的专利工作纵向关系。

"工作内容及程序"主要有六个内容,即:编制专利工作计划;组织培训专利工作人员,宣传普及专利知识;做好申请专利前的准备;办理专利申请;专利许可证贸易和专利文献检索。这六个部分对我公司整个专利工作做了全面系统的规定,明确了专利工作的具体做法,如对"办理专利申请"这项工作规定的程序是:各厂负责组织确定专利申请项目,起草专利申请文件送技术部审查;技术部专利代理人负责组织审查项目是否具备"三性",申请文件是否合格;经审查和修改的申请文件由技术部专利管理员负责送中国专利局,办理有关申请手续,组织提供有关证明文件,提出实查要求和接受专利局的审查;在申请专利被批准后五日内,技术部代理人通知有关单位,组织制定实施方案,列入技术开发计划，并纳入有关人员的包、保、核方案中。由于明确了工作内容和程序，使每个有关的人员进行工作都有章可循。

在“协作”中明确了公司内各个部门的协作关系。如对专利纠纷的处理规定：“技术部将发生专利纠纷的情况送交公司法律事务处，必要时与法律事务处共同处理”；并要求“引进办和经销部按时向技术部提供国内外技术市场的情况”等，使公司内部各部门的专利工作更好地协调，理清了部门之间横向关系。

最后规定了考核内容。如“管理不当，没有及时做出申请专利的建议而影响公司专利工作，扣责任者当月奖金30 ~ 100%”“由于工作不认真、不负责，造成申请文件不符合专利局要求，扣责任者当月奖金 30 ~ 100%”“未按规定期限向专利局交出有关文件或费用，造成丧失专利权，扣责任者当月奖金 50 ~ 100%”“对专利纠纷调节处理不当，造成影响，扣专利管理员当月奖金 10 ~ 50%”等。使各项工作都与奖金挂钩，明确奖惩办法。

首都钢铁公司技术部

附件二：北京市机械工业总公司关于科技计划项目召开鉴定会与申请专利关系的处置意见的通知

（85）机总师字第 469 号

各基层单位：

根据我国专利法的规定，凡属于发明创造的成果及设计方案，若要申请专利，必须满足新颖性的要求（详见专利法第二十二条）。而科技计划项目（科研、中试、新产品试制、基础件攻关、新技术推广、重大技术革新等）召开鉴定会（包括验收会、评议

会等）可能使成果丧失新颖性。现对于这个问题，提出以下处置意见：

一、由于符合专利法规定的设计方案也可以申请专利，故尽可能在科技计划项目进行到一定程度时，就要考虑申请专利的问题。若决定申请，则要抓紧做专利事务咨询、市场调研、查新检索、委托代理（也可委托检索）等工作，以便在按计划召开鉴定会之前就做好申请专利工作（取得申请号后，召开鉴定会就不影响成果或设计方案的新颖性了）。

二、如果只有在项目完成以后才能决定是否申请专利，那么，第一，对于指令性计划必须保证按时完成计划（如按期召开鉴定会等，合同项目还要按有关合同条款规定办理）。若决定申请专利，除按专利法第二十四条规定的部级以上的鉴定会可以在申请专利前半年召开外，只能在召开鉴定会时对发明创造部分，采取必要的保护措施。如在预审时向专利代理人咨询，鉴定中不公开技术秘密，要求参加鉴定会的技术文件、图纸资料审查人员承担保密义务（需在鉴定预审文件中有条款规定或另签协议）等。第二，对于指导性计划，若申请专利将影响计划的按期完成，则可在项目实际工作量完成后，向总公司提交书面报告，说明推迟鉴定的理由和时间（不超过三个月），并说明项目完成的程度，若完成程度达到了预期的目标，则算完成了计划。但如果实际上并未申请专利，则视为未完成计划。如果在当年统计中已经完成统计上报，则在下年度完成项目数中扣除。

北京市机械工业总公司

市专利局关于组织开展“已申请专利的技术”许可贸易的通知

（1985年9月27日）

（1985）京专办发第71号

各区、县、局（总公司）、高等院校、科研院专利管理部门、各专利事务所、各专利信息服务中心：

随着技术市场的蓬勃发展，已申请专利的发明创造技术如何投入技术市场进行流通以及如何开展许可贸易，已成为专利申请单位和个人普遍关心的问题。现在已经签订了一些这方面的技术许可合同，但也存在不少问题。为了更好地组织实施申请专利的技术，开展技术许可贸易，特做以下通知：

一、对于已申请专利的发明创造的实施问题，各系统、各部门的专利管理主管领导和工作人员要本着积极开拓又慎重初战的科学精神认真探索路子，开展工作，创造经验。

二、在取得专利权以后，申请单位和个人要十分重视自己发明创造的实施，主动地创造实施条件，把发明创造及时地转变为生产力。专利权人许可其他单位和个人实施时，需要正式签订技术许可或者技术使用合同。

三、经中国专利局公布的专利申请得到的是临时保护。申请单位或个人可与愿意采用该发明创造的单位和个人签订相应的许可合同，收取适当的使用费。对于发明创造专利申请公布后，专利权授予前未经许可而使用其技术的单位和个人，在专利权授

予以后，专利权人可以要求补交使用费，或者要求停止生产、销售，赔偿损失。

四、已申请专利尚未公布的发明创造，并未取得法律保护，在进行技术转让和许可贸易时要考虑到这一点。需要特别注意在技术许可合同中，订有严谨的保密条款，以保证未公布前的必要保密。对供方技术担保也应有确切的条款。目前，在社会上已有相当数量这种类型的合同或协议书，其条款往往不准确，程序不完备，关于专利权的陈述不妥当，并已引起纠纷。

五、要严格区别专利权转让与专利许可使用这两种不同的概念。凡属专利权转让，必须由专利权人出面与受让方订立书面转让合同，到中国专利局登记，经公告后才能生效。对于专利权持有者，进行专利权转让时，必须事前经过市级主管机关批准。有关文件应向市专利管理局备案。

六、要把签订许可贸易合同纳入科学和法制的轨道。完整的合同一般应包括：项目名称、总则（或前言，含术语解释）、合同内容和范围、合同有效期限、技术服务计划和进度、使用价格及支付方式、技术保证和索赔、技术资料及其他专有技术传授、考核和验收、对技术改进的规定、人力不可抗拒力、纳税、争议及违约仲裁解决、双方法定地址、合同的变更和解除、专利申请未获批准或专利失效处理等条款及技术附件。合同条款应符合经济合同法等经济法规的要求，力求文字准确和严谨。许可合同必须经双方法定代表或者授权委托的当事人签约、加盖公章后生效。

七、许可合同可分为普通许可、独占许可、独家许可等种类，在合同条款上要严格区别。

八、各种许可合同，专利权人除按专利法实施细则在合同生效后三个月内向中国专利局备案外均应向我局备案，凡属不备案的合同，发生纠纷时，我局不予以处理。

九、各专利事务所应积极促进引导许可贸易的开展，协助提高合同水平。专利代理人可以为一方代理，也可以作为供受双方的中介人，专利事务所应按注册的业务范围，即面向社会或为本系统、本部门、本单位服务开展上述业务。

十、根据专利法规定，北京市人民政府根据国家计划，有权决定对所管辖的全民所有制单位持有的重要发明创造专利实行计划许可。凡属北京地区的计划许可合同，请各委、办、局（总公司）将有关决定文件抄送市专利管理局备案。

十一、为了促进专利和已申请专利技术的许可贸易，专利信息的应用非常重要，北京地区正在筹建专利信息开发中心，请各单位积极协作，充分利用专利信息的固有特点，开展有成效的技术贸易。

专利实施对经济建设和科技进步具有重要作用，同时将进一步调动国内发明创造的积极性。我们应提高和统一对专利实施的认识，请各主管部门务必要注意引导企业吸收先进、适用的国内专利技术，组织实施。申请单位（或个人）和发明人要把发明创造的实施看成是对经济建设做出贡献的重要努力。专利管理、代理机构和人员，要妥善照顾各方的合法权益，讲究实施的经济效益，创造专利技术市场兴旺的前景。

北京市专利管理局（印）

一九八五年九月二十七日

抄报：中国专利局

市政府办公厅、市科委、市经委、市计委、市经贸委、市建委、市财办、市文教办、市农办

北京专利管理工作暂行条例
（征求意见稿）

（1985年10月22日）

第一章　专利管理机构

一、专利管理工作是整个专利工作的一个重要组成部分。为保证专利制度在北京地区顺利施行，根据《中华人民共和国专利法》《专利法实施细则》以及国专发计字130号文件精神，特制订本条例。

二、各区、县、局（总公司）、各高等院校和科研院所应将专利管理工作纳入科技管理工作体系，并由本系统、本单位一位主管科技工作的领导同志负责。设置专利管理机构，或与科技管理等部门合署办公，单立公章。暂无条件成立专利管理机构的，应在有关科技管理部门设专职或兼职专利管理人员。专利管理机构负责管理本系统、本单位的专利工作，业务上受市专利管理局指导。

三、专利管理人员应具有大专（或相当大专）以上文化程度，具有一定的科技、专利知识和科技管理工作经验。鉴于专利工作专业性较强，从事这项工作的人员应相对稳定，并应通过学习和工作实践成为专利工作的明白人。

四、专利管理机构的主要职责范围是：

1. 组织制订专利工作的规划和计划；

2. 组织协调和管理本系统、本单位的专利工作，并进行业务指导；

3. 调解本系统、本单位内的专利纠纷；

4. 组织专利实施，管理许可证贸易和技术引进中的专利工作；

5. 普及宣传专利知识，组织干部培训；

6. 领导专利服务机构；

7. 筹集和管理专利基金。

第二章　专利代理机构

五、专利代理机构主要代理专利申请和其它专利事务，包括专利文献的代查、代译、专利咨询、专利诉讼、专利技术开发和许可证贸易等项业务。

六、成立专利代理机构需向市专利管理局递交书面申请。经市专利管理局批准成立的专利代理机构分两种：面向社会服务的专利代理机构和面向本系统、本单位服务的专利代理机构。

面向社会的专利代理机构应具备下列条件：

1. 有三名以上取得代理人证书的专职专利代理人，要有一定的专业覆盖面，由一名副处级以上干部担任专利代理机构的负责人；

2. 有独立的银行账号、各项业务的财务制度以及各项规章制度；

3. 具备一定的代理服务设施。

面向本系统、本单位的专利代理机构至少要有一名专职代理人。

七、专利代理机构应自批准之日起二个月内将向中国专利局备案的材料报市专利管理局，由市专利管理局汇总上报，备案内容如下：

1. 专利代理机构的名称、印章；

2. 专利代理机构的地址、电话；

3. 专利代理机构的主要负责人姓名、职务；

4. 专利代理机构内的专职和兼职代理人姓名、代理人证书号、辅助人员人数；

5. 批准文件副本。

八、面向社会的专利代理机构应将每年收入的15%上缴市专利管理局，作为北京地区的专利发明开发基金。

九、专利代理人应具备下列条件：

1. 高等院校理工科专业毕业（或具有同等学历）；

2. 掌握一门外语；

3. 做过三年以上科技工作或做过五年以上与科技有关的其它工作；

4. 受过专利法以及有关专利业务训练，掌握与专利代理工作有关的法律基本知识。

专利代理人必须在一个专利代理机构内执行职务，接受该机构的统一管理。

第三章　专利申请

十、专利管理机构应随时掌握本系统、本单位的专利申请情况，并在本季度的前十天内将上季度申请专利项目报市专利管理局备案；在一月十日和七月十日前将半年的专利申请计划报市专利管理局备案。

十一、涉及国家机密的重大科技项目，需申请保密专利，主管专利管理机构应及时对其进行保密审查，并在中国专利局受理专利申请后十天内将项目名称报市专利管理局备案。

十二、经国务院主管部门批准向国外申请专利的单位，在得到国外申请号后十天内由主管专利管理机构报市专利管理局备案。

十三、职务发明创造专利申请权的转让必须经主管专利管理机构批准，订立书面合同，向中国专利局登记。

十四、职务发明创造专利申请，一切费用可计入专利申请单位的科研管理经费或生产成本。各系统各单位可设专利基金，用于本系统、本单位专利事业的发展和资助申请专利费用确有困难的单位或个人。

第四章　专利实施与许可证贸易管理

十五、专利权人所签订的实施许可合同，在生效后一个月内由主管专利管理机构将合同副本报市专利管理局备案，并按专利法要求在三个月内向中国专利局备案。

十六、对发明创造已申请专利还未授予专利权的单位和个人所签订的技术许可合同，在生效后一个月内由主管专利管理机构将合同副本报市专利管理局备案。

签订上述两种合同未向市专利管理局备案，遇有纠纷要求调处时，市专利管理局不予受理。

十七、北京市人民政府依照国家计划有权决定对所管辖的全民所有制单位持有的重要发明创造专利实行计划许可，有关市级机关应将计划许可文件抄送市专利管理局备案。

十八、经中国专利局强制许可所签订的合同和准许国外实施的许可合同，应由主管专利管理机构将合同副本报市专利管理局备案。

十九、转让职务发明创造专利权需经上级主管机关批准。向外国人转让专利权需经国务院主管部门批准。

第五章　技术引进中的专利管理工作

二十、在技术引进工作中，凡涉及专利、专有技术（KNOW-HOW）的工业产权问题，各引进单位应与上级专利管理机构及市

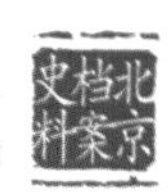

专利管理局联系，抄送有关文件。

二十一、凡列入市年度技术引进计划的重点项目，引进单位应将项目可行性研究报告及时抄报市专利管理局。

二十二、专利管理机构应认真参加本系统、本单位涉及专利、专有技术的技术引进谈判，保证合同中工业产权条款的准确、严谨性。

二十三、含有专利、专有技术的技术引进合同审批生效后，外贸部门应将合同和合同译本抄报市专利管理局。

第六章　专利纠纷的调解处理

二十四、专利管理机构负责调解处理下列纠纷：

1. 发明人与所属单位对其职务发明创造是否提出专利申请的争议；

2. 专利申请权的争议；

3. 专利侵权纠纷；

4. 专利许可合同纠纷。

二十五、在调解处理专利纠纷上，凡属各区、县、局、总公司内部发生的专利纠纷，应由本系统、本单位的专利管理机构调解处理；跨地区、跨系统以及个人与非所属系统、单位间的专利纠纷，由市专利管理局调解处理。以上纠纷当事人也可直接向人民法院起诉。

二十六、市专利管理局对经调解未达成协议的纠纷有权作出决定，当事人对其决定不服，可在三个月内向市人民法院起诉，期满不起诉又不履行的，市专利管理局可以请求市人民法院强制执行。

第七章　奖励工作

二十七、专利权被授予后，专利权的持有或所有单位应当按照专利法实施细则规定发给发明人或设计人奖金。奖金来源，企业单位可计入成本，高等院校和科研单位可从科研经费或事业费中列支。

二十八、各单位应当按照专利法实施细则将实施和许可实施专利所得利润或使用费提取一定数量作为报酬发给发明人或设计人，上述报酬不计入单位的奖金总额。

二十九、专利代理机构根据北京市专利代理收费办法规定，可从专利代理收入中提取一定数量作为专利代理酬金。

对从事专利管理工作成绩显著的单位和个人，应给予奖励。

第八章　专利工作人员守则

三十、专利工作人员必须具有良好的职业道德，模范执行《中华人民共和国专利法》和国家的有关法令。

三十一、专利工作人员对发明人的专利申请内容负有保密责任，对剽窃专利申请委托人的发明创造，故意泄露委托人的技术成果内容或其他故意做出有损委托人利益的行为，视其情节严重，由主管专利管理机构给予行政处分或追究刑事责任。

北京市专利管理局（印）

一九八五年十月二十二日

市政府关于专利管理工作的若干规定

（1986年2月13日）

京政发〔1986〕21号

各区、县人民政府，市政府各委、办、局，各总公司，各高等院校：

为解决专利管理工作中的具体问题，特作如下规定：

一、本市的专利管理工作，必须全面贯彻执行《中华人民共和国专利法》《中华人民共和国专利法实施细则》和国务院有关规定；专利管理中的一些具体问题，按本规定执行。

二、市专利管理局是全市专利管理机关。各区县政府、市属各局（总公司）、高等院校和科研院所以及大型厂矿（以下简称各单位），应将专利工作纳入科技管理体系，确定分管专利工作的领导人和负责本地区、本系统、本单位专利工作的部门和人员。需要单独设立专利工作机构的，按照《北京市机构编制管理暂行办法》办理。

三、各单位负责专利工作的机构，业务上受市专利管理局指导。其主要职责：

（一）组织制定专利规划和计划，协调专利工作；

（二）调解专利纠纷；

（三）组织管理技术转让和技术引进中的专利工作；

（四）组织专利工作的宣传教育和干部培训；

（五）归口管理专利服务机构。

四、各单位要根据工作需要组织开展专利代理、专利咨询、专利情报等专利服务工作。经批准设立专利服务机构的，须经市专利管理局登记注册后，方可开展业务活动。

五、专利服务机构开展专利服务业务，可收取服务费。服务费标准由市专利管理局规定。面向社会服务的专利服务机构所收服务费，应按市专利管理局规定的比例上缴市专利管理局，作为市专利发明开发基金，用于资助有应用前景而费用确有困难的发明的专利申请和小发明的实施。

六、各单位应支持职工的发明创造，对具有新颖性、创造性和实用性的发明创造应及时组织专利申请。职务发明申请专利，按《专利法实施细则》规定应交付的费用和专利代理服务费，企业单位可以从企业专用基金中列支，事业单位可以从事业费中列支。

七、各单位申请专利的发明创造，涉及国家安全或重大利益需要保密的，应先经上级机关主管专利的部门审核，并在中国专利局受理其专利申请后十五日内，将申请项目报市专利管理局备案。

八、市属全民所有制单位持有的专利，经市政府批准允许指定的单位实施时，由市专利管理局与专利持有单位归口的市级主管部门共同办理。

集体所有制单位和个人的专利，对国家利益或者公共利益具有重大意义、需推广应用的，由市专利管理局审核，经市政府报国务院批准后，由市专利管理局与业务归口的市级主管部门共同办理。

九、各单位涉及专利及专有技术的技术引进，应有专利工作人员参与谈判。属市技术引进计划重点项目的，技术引进单位应向市专利管理局提出项目可行性研究报告，由市专利管理局与业

务归口的市级主管部门共同审查。

十、向外国申请专利的单位和个人，应在向中国专利局申请之日起一个月内，将有关材料报市专利管理局备案。

十一、签订转让专利权、专利申请权合同，签订专利许可合同的，应在合同生效后一个月内，将合同副本及有关文件报市专利管理局备案。未经备案发生专利纠纷的，市专利管理局不予受理。

十二、市专利管理局负责调处下列纠纷或争议：

（一）发明人与所在单位对其职务发明创造是否提出专利申请的争议；

（二）专利申请公布后至专利权授予前，使用发明、实用新型、外观设计支付费用上的纠纷；

（三）专利申请权的争议；

（四）专利侵权纠纷；

（五）专利许可合同纠纷。

上述纠纷或争议，当事人可以申报上级机关主管专利工作的部门进行调解。跨系统或跨区、县的纠纷或争议，可申报市专利管理局进行调处。

当事人对市专利管理局关于专利侵权纠纷的决定不服时，可在三个月内向人民法院起诉，期满不起诉又不履行的，市专利管理局可以请求人民法院强制执行。

十三、本规定应用中的具体问题，由市专利管理局负责解释。

十四、本规定自一九八六年三月一日起施行。

北京市人民政府（印）

一九八六年二月十三日

市专利局关于一九八六年工作安排给市科委的报告

（1986年2月21日）

（1986）京专办字第021号

市科委党组：

现将我局一九八六年工作安排报上，请予审议。

北京市专利管理局（印）
一九八六年二月二十一日

北京市专利管理局一九八六年工作安排

今年是“七五”计划的第一年。北京市的专利工作在去年取得初步成效的基础上，八六年要按照“巩固、消化、补充、改善”的精神，继续开拓专利工作的新局面。八六年的专利工作主要任务是：面向首都经济建设和科技进步，按照中央书记处关于首都建设方针的四项指示，全面发展专利事业，有效运转专利工作体系，使一大批先进适用专利技术转化为生产力，同时要促进科技战线上的精神文明建设，为努力实现党风和社会风气的根本好转做出自己的贡献。

一、思想组织建设

八六年是我局成立的第二年，过去一年来的工作实践说明，加强思想建设，建设起一支有理想、有道德、有文化、有纪律的专利工作队伍，对专利事业的发展会起到保证作用。针对我局机

构新、人员新、业务工作新的特点，八六年重点抓好以下几方面的建设。

（一）健全完善各级领导班子的群体结构，狠抓领导班子的思想作风建设。

二月份完成对局级领导一九八五年度的评议工作，对现有班子进行考察。在上级领导下，二季度调整健全局的领导班子，继续配备好各处、室、所的领导班子，并相应地做好全局干部岗位的调整工作。配备领导班子一定要坚持干部四化的方针，要始终注意加强各级领导班子的思想作风建设，领导干部要做好自身表率，又要敢抓、敢管，尤其是敢于碰硬，当前要着重培养擅于作政治思想工作，勇于开拓进取的能力，提倡能顾全大局，积极搞好党内外团结，开展批评与自我批评的作风。继续坚持组织生活制度，建立考核评议制度和学习、会议制度，健全民主集中制。应注意选拔和培养后备干部，在局、处班子调整以后，继续提出培养名单，落实措施。

（二）加强局机关工作作风的建设，提高全局人员的业务素质。

专利工作是一项新的事业，在八六年继续开展专利工作中必须突出精神文明建设，培养良好的工作作风。要教育全局工作人员树立献身专利事业的精神，树立勤（勤奋、勤恳、勤劳、勤俭）、钻（钻研业务、工作方法、路子）、恒（恒定的政治方向，持之以恒、愚公移山的毅力）的思想作风。在物质待遇上要发扬兢兢业业，不计报酬，“后天下之乐而乐”的好作风。在工作作风上要提倡深入实际调查研究，为基层专利工作排忧解难，不作表面文章。

八六年对全局工作人员要加强形势政策教育、法制教育、职业道德教育。根据工作人员的现状组织外语、专利代理、法律等业务培训，提高全局人员的业务素质。

我局党组织的基本队伍是好的，一年来党员勤勤恳恳，埋头苦干，为专利事业的发展作出了贡献。为了适应新形势的需要，要认真学习中央领导同志在中央机关干部大会上的讲话，深入进行党性、党纪、党风的教育，正确认识当前我国的政治经济形势，不断提高以实际行动端正党风、纠正不正之风的自觉性，增强责任感。加强纪律检查工作，防止不正之风。

（三）继续培养发扬专利代理人及各级专利管理人员的献身和服务精神。

专利代理人和专利管理人员是专利工作队伍的主要组成部分。在进行代理服务时，一方面认真办好有偿服务业务，注意提高服务机构经济效益，另一方面要树立全心全意为人民服务的思想，克服“一切向钱看”的不良风气的影响，要提倡为人民服务的实干精神，努力提高代理质量和服务工作水平。八六年将组织1～2次专利服务工作经验交流会，年底表彰一批专利工作中的先进人物。

（四）加强发明人队伍的思想建设。

随着专利制度的产生，涌现出成千上万的发明家，他们在各条战线上作出了卓越的成绩，许多发明人不仅立志发明创造，而且把发明创造同祖国的命运、社会主义现代化的前景密切结合起来，用为人民服务的信念和坚韧不拔的毅力战胜了工作上的困难和人生坎坷，作出了重要的贡献。我们要通过多种形式宣传专利发明人中的先进事迹，继续组织专利发明人汇报团，让有理想的人讲理想，有贡献的人讲贡献，教育广大发明人能正确对待个人与集体、个人与国家的关系，立足祖国神州大地，自尊、自重、

自爱、自强，为祖国的四个现代化立志发明创造。

二、业务工作建设

根据市委、市政府有关指示精神及中国专利局关于八六年工作的具体设想，北京地区八六年专利工作具体安排如下：

（一）进一步健全和有效运转专利工作体系，在规范化、科学化、系统化上下功夫。

1. 为市政府制定各种管理制度、办法，如《北京市人民政府关于专利管理工作的若干规定》《市科技领导小组关于把专利工作纳入科技管理体系的通知》等。

2. 调整、巩固北京现有各级专利工作体系，今年内按行业、系统、地区召开 5 ～ 7 次专利工作会议、座谈会。

3. 继续完善与中央部委及其在京单位在专利工作上的横向联系。

4. 进一步落实规划预报、季报统计等工作，形成制度化。

5. 在专利管理工作中推广应用微处理机系统，初步计划在全市布点 3 ～ 5 个。

6. 在专利管理机关内部建立一系列专利管理事务的工作程序，形成文图材料。

（二）对专利服务机构实行分类指导、巩固提高的方针，加强重点专利事务所的建设。

1. 对面向社会、本系统或本单位的专利事务所进行分类指导，今年内召开 2 ～ 3 次不同规模的事务所所长联席会。

2. 在北京地区抓 5 ～ 6 个对外开放的专利事务所，重点协助提高人员素质和创造一定的工作条件。

3. 对不能正常开展业务的专利代理事务所进行调整。

4. 制定北京地区专利事务所管理条例，注意提高申请专利的查新率、代理率和合格率。

5. 研究北京专利事务所体制改革问题，以适应首都地区专利工作的需要。

6. 加强北京专利信息技术开发中心的建设，使之成为立足北京，同时能面向外地的提供专利信息和促进专利技术贸易的服务机构。

（三）继续深入专利法的宣传教育。

1. 通过多种形式包括利用新闻、广播、电视手段，组织局宣讲团、发明人宣讲团以及组织发动各系统、各单位专利代理人广泛深入宣传专利制度。

2. 今年四月一日前后在北京举办 1 ～ 2 次大型的宣传活动。

3. 加强对基层企业的宣传，争取把专利法列入工业企业普及法律知识的范畴。

4. 开展保护和实施专利的宣传活动。

（四）协同市有关部门做好技术引进中专利和有关专有技术的管理工作。

1. 对已有的技术引进中专利管理工作内容予以巩固与消化，参加好技术引进的谈判，审查好项目可行性研究报告的有关部分。

2. 协同市经贸委召开 1 ～ 2 次经贸口的专利工作会议与座谈会。

3. 向对外经贸口宣传专利和工业产权的基本知识，举办讲座。

4. 协同市经贸委制定北京市进出口中专利管理办法。

5. 与市有关经贸单位合作开办技术进出口的联营合作业务。

（五）组织专利及申请专利的技术的实施和许可证贸易，参加开拓技术市场的活动。

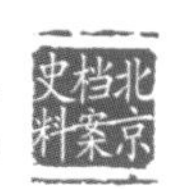

1. 加强专利实施的宏观指导，今年内召开两次专利实施经验交流会。

2. 抓好 3 ～ 5 个职务发明创造专利实施突出的点。

3. 进一步促进非职务发明创造专利的实施，今年举办 3 ～ 4 次以非职务发明为主的专利技术展览洽谈会。

4. 制定北京市专利实施和许可贸易的规定。

5. 积极参加北京市技术市场协调机构的活动。

6. 发挥专利信息在技术贸易中的作用，改进贮存、提供专利信息的手段。下半年开辟面向北京地区的专利信息服务。

（六）面向首都地区开展专利技术的开发应用和计划许可工作。

1. 抓几项对首都经济建设、城市建设和城市管理有重大意义的专利技术，试行计划许可工作。

2. 分别与昌平县人民政府等签订 2 ～ 3 个专利技术开发应用协议，推荐一批适用的专利技术，建立专利技术开发应用基地。

3. 组织一批社会技术力量对专利技术实施进行技术服务。

4. 面向乡镇企业，为振兴乡镇经济服务，今年重点抓 2 ～ 3 个有示范意义的点，实施专利技术，并使之产生可观效益。

（七）支持发明创造活动，利用好专利开发基金。

1. 加强与发明人的联系，今年举办了 3 ～ 4 次发明人座谈会，重点培养几个思想作风好的发明人。

2. 健全专利开发基金的管理体系，有成效地资助有应用前景而经费却有困难的发明创造的专利申请和小发明创造的实施。

3. 协同北京发明协会，组织好发明人的各种宣传学术活动，发掘人才并为他们排忧解难。

4. 与北京科技报等单位协同发起组织“星火杯”创新发明有

奖竞赛评选活动。

（八）会同市高、中级法院调处专利纠纷案件。

1. 建立健全调处专利纠纷的组织和工作程序。

2. 协同法院制定调处专利纠纷的规定。

3. 抓好几个典型专利纠纷案例（涉外，跨省、市，专利批准前后的侵权行为）的处理。

（九）提高专利工作队伍水平，开展工业产权的宣传学术活动。

1. 调整、巩固现有代理人队伍，发挥代理人信息库的作用。

2. 举办 2 ～ 3 次专利人员研讨会或进修班（包括许可贸易、法律、文献检索等）。

3. 举办几次大型的学术交流活动，包括组织专利代理人与审查员座谈会等。

4. 调整、健全工业产权研究会各专业委员会的组成机构，建立健全许可贸易和商标委员会的活动。

5. 下半年举办一次首都地区企业工业产权管理的学术会议。

6. 开展面向社会的工业产权知识宣传活动，举办 2 ～ 3 次大型的咨询活动。

（十）开辟首都地区在专利事业上的对外合作交流。

1. 年内接待几批日本、美国公司专利管理方面专家来华访问交流。

2. 创造条件，争取引进国外先进专利管理方法和设备，为北京地区专利工作服务。

3. 建立北京地区对外人员交流、进修渠道。

4. 为申请中国专利的外国公司、外国人提供技术贸易服务。

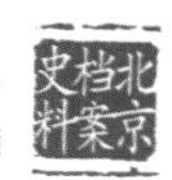

市专利局关于加强专利法宣传的通知

（1986年3月5日）

（1986）京专一字第022号

各区、县、局（总公司）、科研单位、高等院校：

专利法实施已将近一年，经过在京各单位领导、广大科技人员和专利工作者的共同努力，北京的专利工作取得了可喜的进展。到去年年底，北京地区共申请专利1543项，占国内申请总量的16.4%；去年12月28日中国专利局授予的我国第一批专利权中，北京地区有52项，占国内总数的46.8%。形势令人鼓舞，但是专利工作刚刚开始，还存在不少薄弱环节。据统计，自去年四月份以来，职务发明申请专利数量仅占56%，工矿企业的专利申请数量就更低。在今年一月份北京地区的107项专利申请中，工矿企业只有3项。这反映出我们在各单位，特别是工矿企业中宣传专利法和组织发动申请专利的工作做得还不够。因此，今年我们仍需继续以开创事业、锐意改革的精神，更广泛、更深入地做好宣传教育工作。首先要重点抓好宣传普及专利法的工作，请各区、县、局、总公司、科研院所、高等院校组织本系统、本单位的专利管理、专利代理人员深入基层，进一步向各级领导和科技人员宣传专利法，并帮助挖掘符合专利“三性”的发明创造成果，及时申报专利。为了确保这项工作的进行，请各系统、各单位研究制订出今年的宣传教育计划和有效措施，并于三月底以前寄送我局业务一处。如需要我局组织人员协助做好专利法宣传工作，请一并告知。

北京市专利管理局（印）
一九八六年三月五日

市科技领导小组关于将专利工作纳入科技管理体系的通知

（1986年4月28日）

〔86〕京科字第1号

各区、县人民政府，市政府各委、办、局，各总公司，各高等院校，市属独立科研单位及大型企业：

专利法施行以来，北京地区的专利申请与实施有了良好的开端，从去年四月一日至今年三月三十一日，共申请专利一千八百六十八件，占国内申请总数的百分之十五点六，其中发明专利申请八百六十五件，占国内总数的百分之十七点八。已批准专利一百零二件，占国内总数的百分之四十二，其中发明专利二十六件，占国内总数的百分之五十六点五。在实施方面仅以四十九项已公开、公告的申请专利计，去年已创产值一千四百二十八点九万元。市政府已就专利管理工作作出若干规定，要求各区、县、局（总公司）、高等院校、科研院所以及大型厂矿将专利纳入科技管理体系。为此，请各单位于近期内贯彻落实以下工作：

一、在科学研究和技术开发上引导研制符合专利三性（新颖

性、创造性、实用性）的新技术、新产品、新设计。

鉴于专利新颖性具有特定的含义，只要具备了专利新颖性条件，也就能满足国内其它奖励暂行条例的相应要求。今后各单位新选的研究开发课题，必须进行查新颖性的工作。不注意新颖性的研究很可能徒劳无益，随意仿制则将可能侵犯他人的知识产权。在科研选题、技术构思、从事设计和试验时，都要充分掌握包括专利文献在内的技术情报和市场经济信息，科技人员需要根据专利信息及其反馈，不断调整研究开发工作的方向、方案、进度。

二、统筹规划和及时组织专利申请。

凡是符合专利三性要求、也适宜于申请专利的发明创造，要及时组织专利申请。一般应先申请专利，后安排成果鉴定、技术贸易、申请奖励、发表论文等。在国内技术成果商品化的进程中，要注意研究协调专利和专有技术的形式和内容。有些发明创造如具有应用前景，即使尚未推广应用，也要及早取得专利申请日。近期内不宜公开、而又宜于自我保护的技术秘密，可作为专有技术，不一定申请专利。专利申请数和专利授权数今后应作为考核各单位科技水平的一项重要指标。目前个人申请非职务发明创造的比较多，对于合乎专利法规定的非职务发明创造，各单位要给予必要的支持鼓励，协助解决具体困难，使非职务发明创造继续得到发展。

三、积极组织专利和已申请专利的发明创造的实施。

凡已批准授予专利权的发明创造，应自批准之日起三年内积极创造条件实施，与他人合作实施或许可他人实施，根据技术供方和受方的意向，可分别采取普通许可、排他许可、独占许可等形式签订合同。当前要注意引导技术供方认真担负实施所需的技术指导，使提供的阶段性技术成果能达到合同规定的技术经济指标。各企业根据技术进步的需要，要积极吸收采用适用的专利技术和已申请专利的技术。由于专利技术要求具有严格的新颖性，大多数未能经过预先的推广应用，因此要重视支持那些有明显实用前景和经济效益、但又有一定风险性的专利技术付诸实施。要合理确定专利技术的成交价格，除考虑研究开发成本、经济效益等因素以外，当前要注意照顾受方的经济承受能力和确实预测实际能达到的经济效益。提倡供、受两方协力合作，早日把一些有明显实用前景的新技术、新产品、新设计付诸实施，形成生产能力。

四、认真健全专利技术进出口业务管理程序。

已申请专利的技术一经公开，世界各国都可以使用。因此，具有明显国外技术前景的新技术、新产品，在组织输出专利技术之前，要根据需要及时向技术输出国申请专利，避免贻误优先权期限。关于中国单位和个人在国内完成的发明创造及我国学者在国外完成的发明创造申请国外专利的问题，国务院有关主管部门已有明确规定，可遵照办理。在技术引进中，不仅要注意区分专利与专有技术，还要区别外国公司与个人申请获准的中国专利与一般外国专利。只有获得中国专利权的发明创造才能得到中国法律的保护，按专利法的规定支付其专利使用费，并可作为中外合资经营企业的工业产权投资。凡仿制国外专利的产品，不得出口到该产品受专利保护的国家和地区。

五、在领导干部、科技人员和工农、青少年发明创造积极分子中深入宣传普及专利法知识。

专利法是为了保护发明创造专利权、鼓励发明创造，有利于发明创造的推广应用，促进科学技术的发展，适应社会主义现代

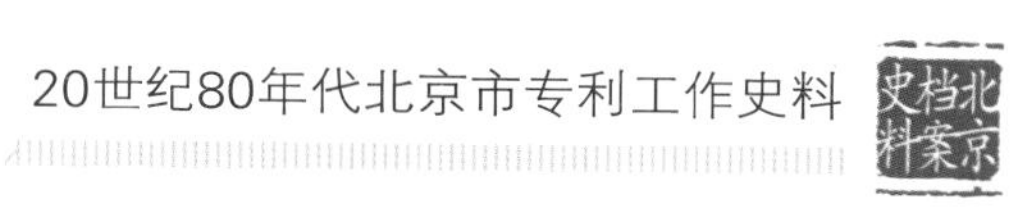

化建设的需要而制定的。深入宣传专利法，使广大科技工作者逐步树立科技工作中的法制观念，是确保科技事业健康发展的一个重要关键，也是科技战线两个文明建设工作的一个重要内容。科技战线各级领导干部务必高度重视这项工作，从现在起半年内在有关单位普遍宣传普及一次专利法知识，主要宣传内容是：专利权和授予专利权的条件，发明、实用新型与外观设计，专利申请、审查和批准，专利实施，专利的保护等。通过学习，使每一个科技工作者都能树立从事科研工作要依法办事的思想，学会用法律来保护自己的科技成果，尊重他人的科技成果。各级领导干部要学会运用法律手段管理科技工作，并成为按科学技术法规办事的表率。

请各区、县、局（总公司）在今年十一月底将贯彻情况报市科技领导小组办公室。

北京市机械工业总公司（印）

一九八六年四月二十八日

市专利局关于
实施专利许可合同备案程序的通知

（1986年4月29日）

（1986）京专三字第033号

各区、县、局、总公司，各有关高等院校、科研院所、专利服务机构：

根据中国专利局国专发法字（1986）第68号《关于实施专利许可合同的备案的通知》要求，并结合当前实际情况，特作下列规定，请你们通知所属单位和个人按规定备案。

1. 凡中国专利权人或已公开、公告专利申请的申请人，与他人签订的实施许可合同，应在合同生效后一个月内由专利权人或申请人向市专利管理局提交实施许可合同备案表和合同副本各一式二份，由市专利管理局汇总后统一报送中国专利局进行备案。

2. 中国专利局收到实施专利许可合同备案表和合同副本后，将分别给专利管理机关和专利权人出具回执，回执写明合同名称、许可方姓名或全称、登记日期、备案号和备案日期。

3. 中国专利局和市专利管理局对上报的合同承担保密义务。

4. 实施专利许可合同的备案工作自收到本通知之日起开始按本通知规定办理。

附件：实施专利许可合同备案表〈略〉

北京市专利管理局（印）

一九八六年四月二十九日

抄报：市科委、市政府办公厅

市机械工业总公司关于将专利工作纳入科技管理系统的几点要求

（1986年6月16日）

（86）机技字第316号

总公司所属各单位：

根据《北京市人民政府关于专利管理工作的若干规定》和北京市科技领导小组（86）京科字第1号《关于将专利工作纳入科技管理体系的通知》（见附件），结合我总公司的具体情况，现对专利工作提出以下几项要求：

一、各单位要有一名技术领导同志负责专利工作，指定一个业务科室（情报室、总师办或技术科）和一名管理人员（有条件的，最好请专利兼职代理人）管理有关专利的日常工作。

专利工作主要包括：

1. 组织宣传、普及专利法及其他有关专利知识，提高广大干部职工遵法守法的自觉性，充分利用专利知识促进企业技术进步。

2. 组织制订和执行本单位的专利工作规划和计划，负责本单位的专利申请、转让和许可等工作，为实现专利项目管理的规范化、计划化创造条件。

3. 负责组织专利文献检索，发掘专利文献宝库，为科研、开发、推广、引进等科技工作服务。

4. 及时掌握本单位的职务发明和非职务发明的专利申请、获权、转让、许可、实施等情况，按照上级要求做好有关材料的统计上报（如申请项目季报）和备案（如①今年机技字第281号文要求；②向外国申请专利时要在申请日后一月内将有关文件一式两份报总公司科技处）。

5. 组织处理有关专利的纠纷，按专利法实施细则实施对专利发明人的奖励，支持专利代理人和非职务发明者有关专利的合法活动。

6. 参与涉及专利技术的技术引进工作，如可行性研究、谈判准备、正式谈判等。

7. 其他有关专利工作。

二、编制科研、新产品试制等科技计划，要进行专利和其他科技情报文献查新检索，以便借鉴已有先进技术，提高研制起点，缩短研制周期，减少盲目和重复研究，避免侵犯他人专利权，并增加本单位发明创造数量和质量。从今年开始，凡拟列入87年北京市的科研、新产品试制指令性计划的项目，试行附报检索报告的办法，在检索报告中列出所查专利的国际专利分类号、专利号、国别、发明名称、本课题不同于已有技术的新特点等等。从88年开始，局级指令性计划项目必须要有上述内容的检索报告。非指令性计划项目建议也进行查新颖性工作。不熟悉专利文献检索时，可到总公司专利事务所、中国专利局文献服务中心（阜成路西钓鱼台）咨询或委托办理。

三、涉及国家安全或重大利益需要保密的技术在申请专利时，要先经总公司科技处审核，并在申请日后十五日内将申请项目一式两份报总公司科技处。

四、职务发明申请专利的代理费和向中国专利局交纳的费用（如中国专利局公告第四号所列），企业单位可以从企业专用基金

中列支，事业单位可以从事业费中列支。

五、今后总公司在评选涉及科技工作的先进单位、先进集体和先进个人时，把专利工作开展情况作为一项重要考核内容；在评选科技进步奖项目时，对于申请专利、获专利权的项目予以适当的优先考虑，并将查新颖性报告作为评选奖励项目的依据之一。

六、今年第三季度内，各单位要结合贯彻本通知精神，普遍进行一次专利知识教育（讲座或办班），并用一个月的时间通过广播、板报等多种形式集中进行专利知识宣传，九月底以前将宣传、教育工作小结书面报到总公司科技处。

请各单位主管专利工作负责人在收到本通知后，召集有关科室人员认真研究本单位的专利工作，于 8 月 30 日以前将专利工作负责人、主管科室、管理人员，以及今年的专利工作安排意见书面报到总公司科技处。

附：（86）京科字第 1 号文〈略〉

北京市机械工业总公司（印）

一九八六年六月十六日

市专利局一九八六年工作总结

（1986 年 12 月 4 日）

一年来，北京的专利工作在市政府和市科委的领导和支持下，在中国专利局的指导下，取得了较大进展。截至今年 10 月底止，全国专利申请量达到28963件，其中国内申请量达20007件，占69.1%，国外申请量达到8956件，占30.9%；专利授权量共2426件，国内2101件，占86.6%，国外325件，占13.4%。北京专利申请量10月底达到2775件，占全国的13.9%；到10月底北京专利授权量达到393件，占全国的18.7%。北京的专利申请量和授权量都居全国各省市之首，这反映出北京地区专利申请在数量和质量上均占优势。最近我们抽样调查了市属单位和个人的近150项专利或专利申请技术实施情况，实施率约为50%，这个指标在国内外来说都是高的。据不完全统计，全市实施专利技术，已创经济效益5845万元。专利实施开始促进企业的技术进步，推动经济建设发展。在11月上旬召开的全国第二次专利工作会议上，我局作了大会典型发言，受到领导和代表们的重视。

下面将我局一年来工作分几方面作一总结汇报。

一、建立起一个运转灵活的专利工作体系和一支胜任专利事业的队伍

在建立专利工作体系和专利工作队伍方面，去年已做了大量工作打下了初步基础，今年在充实、完善这一体系，使其发挥作用方面又作了深入细致的工作。现在，北京地区建立了88个专利服务机构（在我局登记注册的有50个）和1400多名专利代理人。本市各区、县、局、总公司、各大企业，以及高等院校、研究院所都确定了专人或专门的班子负责专利管理工作，许多单位都是由一名副局长、副院长、副县长、总工程师亲自担任专利管理负责人。这就基本形成了一个完整的专利工作体系。

今年，我们对专利管理和专利代理机构进行了宏观管理，分类指导，不断提出新要求；同时注意微观帮助，典型引路，推动

面上的工作。随着工作的进展，在不同阶段我们分别对服务机构的组织建设，业务建设，业务管理，专利法的宣传以及如何把专利工作纳入科技管理体系等方面的工作，不断提出新要求。

下面介绍几个运转良好的专利服务机构和专利管理机构的例子。

北京专利事务所是市政府批准成立的面向社会的专利事务所，他们克服困难，白手起家，从无到有，已逐渐发展为规模较大、专业齐全、业务水平较高的事务所。现有工作人员30名，设四个室：两个代理室（按专业分）、一个许可贸易室、一个综合室。配备了打字、复印、电子计算机等必要设备。这些人员通过招聘、推荐、考核挑选来自工厂企业、科研单位和高等院校，为了北京市新兴的专利事业，克服各种困难，满腔热忱地参加了专利工作，他们在业务上刻苦钻研，精益求精。该所还有一支几乎覆盖所有专业的兼职代理人队伍，现有兼职代理人110人，分布在北京地区的高校、各部委、科研院所及城郊区县，形成了一个专利代理网络。现在，该所已代理了150多项专利申请，其中三分之一已公告或公开，已授权的有近30项。他们从去年年中就开始抓专利申请技术的实施，开展许可贸易，现在共签订了许可贸易合同75项，成交入门费170万元，使用费达千万元以上。对待发明人和专利技术市场的买方和卖方，他们做到了“满腔热情”“百问不烦”“服务上门”。不少发明人称该所是“发明人之家”,不少工厂企业买方负责人说该所是“信得过的专利事务所”，并给该所送了锦旗。一年多的实践证明，该所这支30人的专职专利服务队伍是一支能开拓新局面、具有较强业务能力、胜任专利工作的队伍，是一支不为名、不为利、能克服重重困难、克己奉公、全心全意服务专利事业的队伍。

首都专利事务所，是一个集体所有制的面向社会的事务所，由一些青年同志组成，他们热爱专利事业，艰苦奋斗，干专利事业有动力、有压力、有活力，他们走向社会积极参加各种与科技发明创造有关的社会活动，赢得了发明人和社会的信任，以自负盈亏的经营方式，在社会上占住了脚跟。

北京工业大学专利事务所，是市属的一所大学办的事务所，申请量大，实施率高。每人年平均代理量达20件，实施率高达70%以上，大部分转让给中小企业和乡镇企业，去年初步取得经济效益60多万元。他们的经验是：学校领导支持、重视专利工作，采取使各项工作与专利挂钩的措施，即：(1)在列科研重大课题时与专利挂钩；(2)在评重点学科时与专利挂钩；(3)在引进设备，向联合国世界银行申请贷款时与专利挂钩；(4)在表彰、奖励先进时与专利挂钩；(5)评选职称也正在考虑与专利挂钩。这些大大地调动了各方面科技人员和广大职工搞发明创造、申请专利的积极性。

朝阳区专利事务所，因该区地跨城乡，经济结构复杂，技术力量比较薄弱，又没有专职工作人员，只有4～5个兼职人员，开展专利工作有一定难度。但由于区领导重视专利工作，指派科委副主任兼事务所所长，全所人员积极开拓，利用各种机会宣传专利法，深入中小企业和乡镇企业发掘专利申请项目，每月出版《专利与实施》小报，开展了许可贸易。结果很快出现了“四多”新局面：关心专利的企业多了；访问专利事务所的人多了；申请专利的项目多了；要求使用专利技术的单位多了。

首都钢铁公司早在去年就从组织上落实了专利管理机构，培训了基层厂、矿、院、所的专利代理人10名和专利工作人员35名，形成公司内的专利管理系统。一年多来，共申请29项专利，

其中9项已获得专利权。公司专利（包括专利申请）实施取得经济效益约500万元，许可贸易额约10万元。

最近，我们举行了北京专利工作经验交流及表彰奖励大会，会上有近二十个先进单位和个人以口头和书面形式交流了经验，表彰奖励了21个先进单位和88位先进个人。先进单位的特点是艰苦创业、开拓进取、运转灵活、成绩显著，先进个人的共同特点是：热爱专利事业、富有献身精神、努力钻研业务、工作卓有成效。

二、把专利工作纳入科技管理体系

在实施专利法的第一年，北京的专利工作虽然从宣传普及专利法，组织发动专利申请到组织专利技术实施以及技术进出口中的专利管理等各方面都取得了初步进展，但工作还仅仅是开了个头，还存在着不少问题和不完善的地方。我们感到比较大的问题是专利工作虽然从组织机构上在各部门、各系统、各单位基本得到了落实，但是从专利工作的业务管理上还没有真正列入科技、经济、贸易等管理部门工作的议事日程，特别是市属区、县、局、总公司，有些单位的领导对专利工作不够重视，对开展专利工作有一定影响；专利工作在各项工作中还是个“软”指标，无人考核，因此可做可不做。针对这种情况，为了进一步解决这些问题，把专利工作落在实处，今年二月在市委、市政府领导的支持下，印发了市政府21号文件《北京市人民政府关于专利管理工作的若干规定》，首先提出将专利工作纳入科技管理体系，接着在四月又发出了市科技领导小组1号文件《关于把专利工作纳入科技管理体系的通知》，通知要求全市各单位落实五方面的工作：

（1）在科研和技术开发上引导研制符合专利三性的新技术、新产品、新设计。今后在研究开发课题选题时，必须进行查新工作。

（2）统筹规划和及时组织专利申请，凡是符合专利三性要求，适宜于申请专利的项目，应先申请专利，后安排成果鉴定、技术贸易、申报奖励、发表论文等。专利申请数和获得专利权数今后应作为考核各单位科技水平的一项重要指标。

（3）积极组织专利和已申请专利的发明创造的实施，重视支持那些有明显实用前景和经济效益的技术付诸实施，形成生产力。

（4）认真健全专利技术进出口业务管理程序。具有明显国外技术前景的新技术、新产品，在组织输出专利技术之前，要根据需要及时向有关国家申请专利。技术引进中，不仅注意区分专利与专有技术，还要区别外国公司与个人获得的中国专利权与一般外国专利。凡仿制国外专利的产品，不得出口到该产品受专利保护的国家和地区。

（5）在领导干部、科技人员和工农、青少年发明创造积极分子中深入宣传普及专利法知识，使每个科技工作者树立从事科研工作要依法办事的思想，各级领导干部要学会运用法律手段管理科技工作。

市科技领导小组文件下发后，在市属各单位中引起很大重视。他们认为两个文件对专利工作提出的要求有很大的指导意义和指令性作用，是推动工业战线专利工作，改变工业企业专利工作落后状况的“及时雨”。特别是企业主管部门，如市机械工业总公司、市计算机工业总公司、市建筑工程总公司、燕山石化总公司和首都钢铁公司等单位及时转发文件，组织科技管理人员学习讨论，并结合本单位情况，重新修订科技管理工作的有关规章制度。为了进一步帮助各单位贯彻落实市科技领导小组的文件，今年四月和七月，我们两次分批召开座谈会，调查了解文件执行

情况。同时采取分类指导，典型引路的做法，把80多个区、县、局、总公司、科研院和高等院校按地区和部门分成区、县系统，局、总公司系统，科研院系统和高校系统四种类型，分类进行指导，并抓住典型，重点帮助，以点带面。北京市科技研究院，使专利工作贯穿在科技管理工作的全过程，建立起从立项开题的计划管理到组织专利申请，成果鉴定，申报奖励以及许可证贸易一整套的管理程序和配套的专利工作队伍。今年初还组织院所属的16个研究所的专利管理人员对正在开展的研究课题进行调研，把现有的科研项目分成六类：（1）有专利性并能申请专利的；（2）属技术诀窍的；（3）根据需要仿制国外先进技术的；（4）属短、平、快项目的；（5）可形成专利但被他人抢先申请了专利的；（6）课题本身就是他人专利的。分析上述各类情况，（1）（2）两种课题是有前途的，应大力开展；（3）类课题属于重复研制，根据需要可以适当搞；（4）类课题有风险性；（5）（6）两类课题则坚决不应再上。经过这样分析，大家感到今后的科研工作就有了方向。

北京燕山石化公司在本系统的科技管理工作中也做了相应的布〔部〕署，（1）今后开发新课题，必须经过查新，提交检索报告，并进行市场调查。课题要经学术委员会讨论，不符合上述要求的不能批准；（2）科研项目开题后，要重视市场信息，定期检索，密切注视专利动向，不断调整科研方向；（3）在研究课题完成后，及时向主管部门汇报，研究申请专利保护还是作为技术秘密；（4）申请专利的各项工作，应在报成果奖、组织开鉴定会之前进行；（5）把专利申请数和获得专利权件数作为考核研究部门和人员水平的重要指标，并在奖评中兑现。

目前，重视专利工作的单位越来越多，把专利工作纳入科技管理体系的工作，已有了一个良好的开端。

三、专利技术市场多样化，专利实施初见成效

随着专利申请量的日益增多，只有尽快使这些技术形成生产力，发挥出应有的经济效益和社会效益，专利制度的生机活力才能充分显示出来。为加速专利及申请专利技术的实施，我们采取了多种形式的技术市场来促进专利信息的传递。具体来说有固定式的技术转让商店，流动式的技术大蓬车，洽谈会式的技术贸易集市，还有通讯式的技术信息网等等。

固定式技术转让商店。去年北京专利事务所和北京工业学院专利事务所共同建立了“北京专利信息技术开发中心”，主要是搜集专利技术信息，通过计算机存贮，进行分类管理，随时向技术需要方提供有关技术资料，并将专利技术项目的样品、样机和图片陈列在接待室，人们称之为“技术转让商店”。目前这个中心已存贮专利技术信息 300 多条。通过中心签订的技术许可合同有 15 项。

流动式技术大蓬车。为帮助郊区、县乡镇企业引进开发技术，我们曾多次用汽车带着一批已申请专利的项目到通县、昌平县、顺义县、南郊农场、宣武区等地，为中小企业、乡镇企业及时提供易开发、经济效益明显的技术，受到乡镇企业的欢迎。

洽谈会式的技术贸易集市。目前，在专利申请项目中，有将近半数属于非职务发明，这一部分技术的实施渠道往往不通，因此，要支持鼓励非职务发明人积极从事发明创造，首先必须为发明人疏通渠道，创造实施途径。今年初，我们举办了首次已申请专利技术展览洽谈会，共有 232 项技术参加展出。洽谈会的热闹景象有如集市，仅四天时间，就吸引来科研单位、工业企业、乡镇企业达 3000 多人次，展览洽谈会第一天，昌平县县长亲自带

领100多位乡镇企业负责人远道赶来参加。洽谈会期间，技术出让方和受让方充分接触，当场就草签了6项合同，20多项意向书。

通讯式技术信息网。由于我国专利公报发行量小，很多单位，特别是数以万计的中小企业、乡镇企业不能很快得到专利技术信息，我们从专利公报上摘录了适用于北京地区的项目，印发到郊区、县，及时提供信息。另外我们还编制了专利实施情况调查表，印发到申请单位或个人，一方面便于了解掌握实施情况，另一方面可帮助把一些项目推荐到有关生产厂家。

在专利技术实施中，已有很多项目产生了可观的经济效益和社会经济效益。

首都钢铁公司与地矿部综合利用研究所郑州分所合作研制的“磁团聚选矿法及其分选机”专利申请在首钢矿山公司实施，该公司可获年利润2288.3万元。

北京建筑工程公司提出了“花岗石薄板饰面工艺”专利申请，中国银行大楼原计划从日本进口技术和材料，现采用该项技术，仅节约进口材料就相当456万元人民币的外汇，同时还节约了大量技术软件费。用这项技术建造的房子防腐性和抗震性能都很好，预计可抗8级地震，高于日本水平，施工费用节省130多万元，国内其它工程也准备采用。

北京拖拉机公司节能技术研究所的一项“高频热处理设备可控硅调压装置”专利技术除在本公司实施外，还与内蒙、大连、江苏等地的三家工厂签订了实施许可合同，收取入门费5400元。到去年底这几家生产了400多台，共获得120万元左右的利润。此外，这种调压装置每台每年可节约用电9万度，创造社会经济效益360万元。

北京缝纫机一厂，在缝纫机滞销、企业亏损情况下，研制出用于疏通各种类型下水道的自动管道清理机，及时申请了专利，并组织在本厂实施，去年创产值400多万元，利润140万元，仅一年时间使这个厂改变了亏损局面。

北京锅炉厂工人潘代明申请了“火炕型加热炉及钢材加热工艺”发明专利，该厂利用该技术改造两台旧有的工业用炉，用程序组合作业法试验生产作为锅炉、压力容器基础件的封头部件，生产率提高一倍，节约能源30%至70%，已在本厂实施，获得效益600多万元。1985年8月至10月在北京市经委和市化工总公司支持下，又在北京化工设备厂进行推广试验，加工了六种规格封头，得到同等效果。海淀区紫金结构厂将投资200万元，采用这一技术。

轻工业部设计院工程师非职务发明人安平经多年研究提出了“表面反应制浆法”“节能制浆机”和“立式洗浆机”三项专利申请，用于改造中小型造纸厂，不仅大大简化工艺，降低能耗和碱耗，而且解决造纸工业上因造纸废液产生的黑液污染这个老大难问题，能连续除掉污染物，使工艺溶液循环使用，用水量只相当于老法的十分之一，纸浆成本比老工艺降低12%至29%。在北京专利事务所的帮助下，河北省投资一百多万元在涿县和兴隆县做了半工业生产试验，结果良好，设计日产5吨纸浆的装置，实际达到日产10吨纸浆，预计年底通过技术签〔鉴〕定。目前国内多家造纸厂都在联系接产。

四、积极开拓专利工作的对外交流和对外专利技术贸易工作

专利工作的一个重要特点是具有很强的国际性：外国的专利技术有可能在中国申请专利，占领中国市场；中国先进的有国外市场前景的专利技术必需在国外申请专利才能获得最大的经济效

益；专利侵权纠纷也有可能在国际之间产生。我国专利制度刚建立不久，而先进工业国家的专利制度已有一、两百年历史。我们没有经验，而先进工业国家的专利工作在专利科学管理、优质高效的专利代理、专利侵权诉讼、专利许可贸易、专利竞争（专利战、用专利作依据进行了企业经营的战□决策）等方面有丰富的经验，因此很有必要开展专利对外交流工作。

今年1月和4月分别邀请日本三菱重工株式会社技术本部总工程师坂问晓先生和主管北西务先生、松下电器产业株式会社专利部副部长木川淳先生来我市分别进行了一周专利学术交流活动，交流了专利管理、许可贸易侵权诉讼等方面的经验，收到较好的效果。

另外，借外国专利部门负责人和专家来华机会，进行交流座谈的有日本中国专利法制情况调查团、日本东芝株式会社国际部部长和久本先生、日本钢管专利部部长筱田作卫先生及日立制作所专利部副总工程师大本先生、美国莱恩斯兄弟专利事务所及弗兰克林·波尔斯法律中心（新罕布尔州）负责人罗伯特、莱恩斯先生等。

今年以来，我们初步尝试了一下专利技术的对外出口工作。专利工作既是科技体制改革的一个重要组成部分，也是经济、贸易体制改革的一个重要组成部分，因此，专利实施和许可贸易，也应纳入经贸工作体系。

为了发挥专利工作在对外技术贸易中的作用，我们在市经委、经贸委、科委的支持协助下，起草了“关于加强技术引进中专利管理工作的通知”，并以三委名义发到市属各单位。我们还与经贸委联合召开了市经贸系统专利工作会议，而后，又深入实际，作了三个不同层次的工作。

首先我们走访了北京各外贸进出口公司，调查了解目前北京市技术进出口渠道和管理程序。同时一方面向外贸工作人员宣传专利法，一方面对北京技术引进中有关专利管理方面提出一些积极的建议，还为北京技术出口的几个主要窗口提供了大量专利技术信息和具体项目，赢得了外贸部门的信任。

其次我们又深入到18个市属工业局、总公司的外经部门，与他们共同商讨如何做好技术引进中的专利工作。初步商定，今后凡是技术引进项目，在立项前，要将有关文件及可行性报告转送我局，由我局帮助审定。

最近，我们又直接深入到20多个生产企业中，参加技术引进谈判，出主意，帮助把关，使企业逐渐认识到引进技术中专利工作的重要性。如北京泡沫塑料厂准备引进意大利的“冷库用塑料夹芯板”，由于我局有关人员参加了技术谈判，驳回了一些不合理的限制性条款，在引进价格上也低于其他省市引进的同样项目，从而维护了我方企业的利益。

为了开拓专利技术的国外市场，争取为国家多出口创汇，我们最近主动与中国技术进出口公司北京分公司、电子技术进出口公司、外贸总公司和北京国际贸易研究所等单位协作，共同开发我市专利技术的出口工作。今年初，组织了一批专利产品送到春季广交会上展出，还就清华大学、北京工业大学的三项专利技术的出口与日本、意大利、英国和美国厂商分别进行了初步接触，组织清华大学发明人潘际銮教授赴美国进行技术交流。最近我们又将14项专利技术提交到市技术出口审查小组，列入技术出口项目计划，并已经在今年秋季广交会上展出。由于市科委、经贸委的重视和支持，我局已正式成为市技术出口审查小组成员，并多次参加了技术出口项目的审查工作。

五、加强横向联系，共同繁荣首都的专利事业

北京的特点是中央单位、高等院校、科研单位、大型企业和市属单位各占一定比例，我们感到要集中发挥各方技术的优势，使专利工作为首都的经济建设做出贡献，必须加强各部门、各单位之间的横向联系。在具体做法上我们采取：(1) 召开大型会议进行专利工作经验交流；(2) 以工业产权研究会名义组织有关学术交流活动；(3) 组织同行之间的协作等不同形式。

为了充分发挥首都的专利服务机构的专利优势，最近，在我局支持下，经北京专利事务所等20个单位发起，由中央各部委、国防科工委、中国科学院、北京市以及在京高等院校的60多个专利事务所联合成立了北京专利服务机构联谊会。该会以“立足专利事业，服务首都、面向社会、冲向世界”为指导方针，它的主要任务是 (1) 组织专利信息网，编辑《北京专利信息快报》，(联合开展许可证贸易) 促进专利信息交流，扩大专利技术市场；(2) 开展专利代理协作，提高代理质量和代理人素质；(3) 开展有关服务机构建设和管理的理论和实践的研讨与交流，提高管理水平和服务质量；(4) 举办为专利代理机构及代理人服务的事业和活动，积极向有关部门反映专利代理人的意见和要求。

为了激发广大群众的创造力，为国家“星火计划”的实施，繁荣我国的科技事业和技术市场，促进中小企业、尤其是乡镇企业的发展，我局支持北京专利事务所与北京科技报、北京电视台、上海专利事务所、上海科技报、上海电视台等7个单位联合发起举办了首届“星火杯”发明竞赛活动。自今年五月一日活动开展以来，北京、上海两地共向全国征集了4000多项发明创造，其中涌现出一些水平很高、甚至达到国际水平的项目，并有一大批适合乡镇企业投产的短、平、快项目，将对20项适合申请专利的项目进行免费代理。此活动受到各级领导的支持和重视，聂荣臻副委员长、张健民副市长、黄坤益局长、陆宇澄主任、王兆熊副主任等 37 位领导担任了本活动的顾问。许多单位和群众称赞举办这次活动是为社会做了一件大好事，不少发明人说，这次活动给了我们极好的机会，使我们报国有门。目前，正在进行紧张的评奖和技术转让工作，11 月份将召开发奖大会。

一年多来的实践使我们体会到，北京地区的专利工作之所以取得成效，与发挥了各部门、各单位的优势密切相关，加强横向联系，可以通功易事，取长补短，促进专利事业的共同繁荣。

六、局机关建设

一年来，局机关建设作了以下几项工作：

1. 评议考核干部、健全领导班子。

先后评议了局、处、室、科的领导干部。考核任命了七位同志，充实健全了局、事务所、行政科及二、四室领导班子。

2. 制定并贯彻执行了以下各项规章制度：(1) 局机关工作条例；(2) 局机关岗位责任制考评办法；(3) 职工考勤暂行规定；(4) 财务报销制度；(5) 职工教育暂行规定；(6) 购买、领用物品规定；(7) 计划生育规定；(8) 公文处理细则；(9) 复印工作制度；(10) 机动车管理、使用的有关规定；(11) 安全行车及违章事故经济赔偿的暂行规定；(12) 交通安全奖优罚劣暂行规定；(13) 职工住房分配规定；(14) 干部休假的制度。

3. 干部在职培训：结合工作需要全局共组织 25 人次分别参加了专利、法律、外语等业余和脱产学习。有 3 人通过法律班脱产学习结业考试，外语出国考试有 1 人达到出国分数线，1 人达到培训分数线。

4. 组织全局职工进行法律常识学习，参加考试人员全部通过

考试，绝大部分人员成绩优良。

七、问题和讨论

本市专利工作一年来虽然取得了一些成绩，但也还存在一些问题，以下分别加以讨论。

1. 全市专利工作发展不平衡，有些区、县、局对专利工作还不够重视。大多数企业的专利工作还很薄弱，与科研单位和大专院校相比，企业专利工作相当落后，如今年 10 月份我市个人（非职务）专利申请 85 件，科研单位 33 件，高等学校 16 件，企业只有 14 件，大、中型企业专利实施情况也比小型企业和乡镇企业落后。因此今后我市应加强企业的专利工作，消除区县局专利工作的空白点。

2. 专利申请和专利技术开发实施缺乏经费。好的发明创造申请专利要抢时间，谁抢在前面，谁就获得专利权，要保护好本单位、本地区、本国的先进技术，必须及时申请专利。可是往往有好的技术没有钱申请专利（包括向国外申请），结果造成单位、地区和国家的经济损失。很多专利技术如果不经过开发阶段，就不可能实用化和商品化，如果没有经费来保障专利技术开发，则会有很多很好的专利技术不能转变成生产力。因此建立北京专利基金对于本地区的专利申请和专利技术开发实施必然起很大推动作用，从而为增加全市和全国的经济利益作出更大贡献。

3. 必须进一步加强专利工作与科技、经济、外贸、司法、文化教育等各项工作的联系。加强协作和横向联合，把专利工作渗透到国民经济和人民生活的各个部分，这方面需要各部门的配合，也需要市政府领导的重视和支持，这是今后作好专利工作的一个重要任务。

4. 打开对外专利工作局面。在对外专利申请、出口专利技术和引进专利技术方面要把好专利关，避免吃亏上当、造成经济损失；要开展国际间专利学术、情报的广泛交流活动，使专利工作为国家作出更大的贡献。

一年来，我们在专利工作上取得了一定进展，但从实际情况来看，当前专利技术对工业生产进步和国家经济建设发展的作用还不够大，专利工作中还有一些薄弱环节，有待我们去下功夫。我们必须加强企业的专利工作，加强专利工作的横向联合，加强专利技术的开发，加强专利信息交流和许可贸易，以及加强专利工作的国际交流，向专利工作的深度和广度进军，为专利事业作出更大的贡献。

一九八六年十二月四日

市机械工业管理局关于制定《企业专利工作管理试行办法》的通知

（1987 年 12 月）

（87）机技字第 679 号

各单位：

为了更好地贯彻执行我国的专利法、专利法实施细则，以及国家经委、国家科委、财政部和中国专利局联合下发的《关于加强企业专利工作的规定》，发挥专利工作对促进企业技术进步和经济效益增长的作用，现根据有关文件精神，兄弟省市工业企业的经验和我局基层单位的状况，编制了《企业专利工作管理试行

办法》，作为局属各单位建立健全专利工作管理制度的参考。希望各单位抓紧制定或完善适合本单位情况的专利工作管理办法，并将其制定、贯彻情况于88年一季度内书面报送到局科技处。

北京市机械工业管理局（印）

一九八七年十二月

企业专利工作管理试行办法

第一章　总则

第一条　为贯彻执行我国专利法及其实施细则，在本企业调动职工发明创造的积极性，促进技术进步，保护合法权益，特制定本办法。

第二条　厂长负责有关专利的重大决策和有关各部门的重要协调；总工程师（或总经济师）主管专利工作，并可受厂长委托负责有关专利的决策与协调工作。

第三条　总工程师办公室（或技术情报室、技术科、研究所等）是本企业专利工作管理部门，设一名专利管理人员负责日常管理工作。全厂各有关职能科室都要把涉及专利的有关工作纳入自己的职责范围。

第四条　专利管理部门的主要职责是：

1. 制定专利工作年度计划，并组织实施。

2. 贯彻执行有关专利的法规和上级主管部门的工作要求，协调与外单位和与本企业各部门的专利日常工作关系。

3. 随时了解本单位职工的发明创造活动，及时发掘职务发明创造的专利申请，掌握本单位非职务发明创造的专利动态。

4. 采取多种形式普及专利知识，宣传专利工作动态，做好专利咨询服务。

5. 统计、积累、保管有关专利的数据、资料，按要求及时准确地向本企业领导和上级主管部门提供有关情况。

6. 会同财务科办理有关专利的一切经费收支，如交纳委托费、申请费、年费、赔偿费；发放奖金、报酬；收取转让或许可使用费，等等。

7. 牵头组织有关专利的各种会议、谈判、签约及其他活动。

8. 其他有关专利日常工作。

第二章　职务发明创造的专利申请

第五条　凡职务发明创造，均由专利管理部门、主管领导、情报部门及发明人或设计人共同研究决定是否申请专利。委托代理申请手续由专利管理人员及发明人或设计人共同办理。

第六条　本企业与外单位合作或协作完成的发明创造，除协议另有规定外，其专利申请权归本企业及合作或协作单位共有，本企业专利管理部门要及时与合作或协作单位联络申请专利事宜。

第七条　对于本企业完成或协作完成的发明创造成果，在申请专利以前，其样机（样品）、技术文件材料等均不得在厂内外公开，也不宜召开成果的鉴定会或其他技术会议，但符合专利法关于不丧失新颖性的规定情况除外（见专利法第二十四条一、二款）。

第八条　向国外申请专利之前，应首先申请国内专利和做好国外市场、法律调查，并报国家机械委同意后方可办理向国外申请专利手续。

第十条[①]　依据专利法实施细则规定，条例下述条件之一即为

① 原档如此。

本办法所说的职务发明创造：

1. 在本职工作中作出的发明创造。

2. 履行本单位交给的本职工作以外的任务所作出的发明创造。

3. 被聘、被派往外单位或国外所做〔作〕出的与本厂技术业务有关的发明创造。

4. 主要利用本厂条件（如设备、仪器、用具、场地、材料、另〔零〕部件、技术资料等）所作出的发明创造。

5. 本企业职工退休、退职或调动工作后一年内作出的与其在本企业工作期间符合上述条件之一的发明创造。

第三章　非职务发明创造专利

第十一条　本企业支持和保护职工就非职务发明创造申请专利。非职务发明创造的发明人或设计人需要由单位出具说明时，经厂专利管理部门审查后，由厂长签发非职务发明创造证明。

第十二条　不准将职务发明创造作为非职务发明创造申请专利。若有这种情况发生，且经说服纠正无效时，厂方除可按专利法规定提出异议或无效宣告请求外，有权对有关人员进行必要的经济或（和）行政处罚。

第十三条　厂方接受本企业职工的非职务发明创造的专利申请权转让、专利权转让和技术转让或专利实施许可，转让或许可时需由厂方代表人与发明人或设计人通过专利代理服务机构中介，签订合同，其中专利申请权和专利权转让要经上报中国专利局登记和公告后生效。

第四章　专利技术实施与检索利用

第十四条　专利管理部门要对本企业申请的专利提出实施方案，由主管领导组织实施；本厂不能或不打算实施时，要积极向外单位宣传推荐。

第十五条　专利管理部门和技术情报部门要经常或定期组织检索与本企业生产技术有关的国内外专利技术文献，并组织翻译、分类归档和推荐利用。

第十六条　要充分利用国内外专利文献为本企业科技开发服务，一切重大科技开发项目在立项、鉴定或申报成果时均需提供专利文献检索报告。

第十七条　在同国外进行技术交流、合作时，要进行相关专利技术的法律状况调查（即是否为专利、属哪国授权专利、专利号、保护有效期，等等），不得贸然相信、利用国外专利技术。

第十八条　本企业产品或技术出口时，要对有关国家或地区涉及出口产品或技术的专利法律状况进行调查，以避免侵权纠纷，同时为向外国申请专利提供依据。

第五章　保护本企业发明创造及专利权

第十九条　专利权是本企业的重要财产，每个职工都有下述权利和义务保护本企业的专利权和专利申请权：

1. 对于尚未申请专利的发明创造及申请专利中未公开的技术诀窍，任何人不得以任何方式向不负保密义务的人和单位泄漏。

2. 职务发明创造的发明人或设计人不得将有关技术文件材料私自转给外单位或据为己有，工作调离前必须交出一切技术文件材料（包括工作手册、原始记录、复制件等）。

3. 全厂职工都要熟悉本企业的专利产品或技术，密切注视和及时反映外单位和市场上出现的侵权行为，并有义务协助厂方处理有关纠纷。

4. 对于有损于本企业有关发明创造和专利的权益的行为，任何知情人都应积极揭发检举。

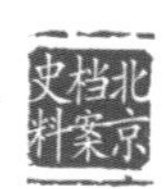

第六章　专利费用和奖惩

第二十条　有关专利的一切正常费用均要由专利管理部门编制年度计划并经主管领导审批后执行；计划外的专利费用支出（如诉讼、赔偿等），由专利管理部门提出，主管领导审批支付。以上费用均计入生产成本。

第二十一条　依据专利法实施细则规定，对职务发明创造的发明人或设计人给以如下奖励：

1. 专利权被授予后，一项发明专利授予奖金200～500元，一项实用新型或外观设计专利给以50～200元的奖金，以上奖金在取得专利权后一个月发放。

2. 对于授权的发明或实用新型专利申请，若本单位自申请日后实施并取得效益，则在专利权有效期内每年从实施该专利技术所得的税后利润中提取0.5～2%作为报酬发给发明人或设计人；对于授权的外观设计专利，上述提取比例为0.05～0.2%。以上报酬在每年1月底以前发放。

3. 各类授权专利，若在申请日以后转让或许可外单位实施，则在专利权有效期内，每年从本企业收取的使用费中纳税后提取5～10%作为报酬发给发明人或设计人，发放时间为取得使用费后一个月内。

第二十二条　对于维护本企业专利权或宣传、转让许可本企业专利技术有突出贡献的职工，依据贡献大小给以一次性奖金50～200元或晋升一级工资的奖励。

第二十三条　以上奖金、报酬按照局（87）机技字第508号文规定发放，不与其他奖金相抵，即可以与其他奖金重复发放，但应按照国家有关法律规定交纳个人所得税。

第二十四条　对于不遵守第十九条规定，损害本企业专利申请权或专利权的职工，依据其后果程度，给以罚款 50 元以上及（或）其他经济、行政处罚。

第六章　附则

第二十五条　本办法由本企业专利管理部门负责解释和在执行中提出修改意见，修改意见经主管领导及厂长审批后执行。

第二十六条　本办法自公布之日起执行。

20世纪80年代
北京市科技体制改革史料

20世纪80年代初，北京市围绕解决科技与经济结合的问题，开始逐步进行科技体制改革。1981年，改革科研机构的管理和运行机制，试行科研责任制。1984年，改革拨款制度，实行分类管理，对开发型科研机构改变拨款方式，实行技术有偿合同制，扩大科研单位的自主权，使科研机构在面向经济建设中具有更大的动力和活力。从1985年起，根据《中共中央关于科技体制改革的决定》和北京市《关于改革本市科技管理体制的意见》，北京市对技术开发型科研机构的单位实行技术合同制；社会公益科研机构实行事业经费包干制；两者兼有的科研机构实行一所（院）两制，使科研的主要力量投入到为国民经济服务的主战场。1986年为促进郊区经济的发展，贯彻科学技术为农村经济服务、发展农村经济必须依靠科学技术的方针，开始推动农村科技体制改革。同年，开始推动科技生产联合发展，加快科技成果转化为生产力。

本组史料主要包括北京市科技体制改革参阅资料（包括北京市科技事业简况、部分市人大代表和科研单位对科技体制改革的意见和建议、北京市“星火计划”纲要等）、关于农村科技体制改革的意见、北京市科委关于推动科研生产横向联合的规定等，反映了北京市科技体制改革的若干状况。

北京市档案馆藏，档号：257-1-725、303-1-651。

——选编者　孙　刚

北京科技事业简况

（1986 年 5 月）

一、科研机构：北京地区现有科研机构 500 个，其中：中央在京的科研机构共 217 个（属中央各部的 180 个；中国科学院的 37 个）；大专院校的科研机构 71 个；市属独立科研机构 83 个；市属各局、总公司的下属二级科研机构 42 个；工厂企业的科研机构 58 个；区县所属科研机构 29 个。此外，本市还有几百个集体和个体的科研与技术服务机构。学术组织和学术团体也在逐年增多。目前，全市共有各级各类专业性学会 350 多个；科学技术协会 200 多个；农民专业研究会 160 多个；农民科技示范户 7900 多个。

二、科技队伍：各级科研机构有科技人员 155,200 多人，其中：中国科学院和国务院各部委的科技人员 84,380 多人，约占科技人员总数的 54%；大专院校教授、副教授、讲师和科技人员 46,000 多人，约占科技人员总数的 30%；市属独立科研机构的科技人员 18,410 多人，约占科技人员总数的 12%；市属各局、总公司、企业和区县所属的科研机构的科技人员 6,500 多人，约占科技人员总数的 4%。

三、改革情况：全市各级各类科研机构分三种形式进行的改革：一种是实行有偿技术合同制；另一种是实行经费包干制，还有一种既实行有偿合同制又实行经费包干制（简称一所两制）。改革以来，在试行技术合同制和“一所两制”的单位中，已有 8

个单位事业费实行基本自给；25 个单位核减事业费 60%；11 个单位核减事业费 30%。全市还出现了 508 个不同形式的科研生产联合体。

四、科研成果：1985 年，市属科研机构共取得科研成果 2400 项，比 1984 年增加 18%，其中推广应用了 1800 项，占成果总数的 75%，比去年增加 55%，获纯利润 2.07 亿元。378 项科研成果获得市科技进步奖，5 项获得国家发明奖，62 项获国家级科技进步奖。

五、科研经费：这些年，科研经费每年都有增长，1982 年是 1980 万元，1983 年和 1984 年都是 2100 万元，1985 年是 3000 万元。

事业费改革后逐年核减，1984 年为 3482 万元，减少 5%，1985 年为 3212 万元，减少 8%。核减下来的事业费，用于核减单位的科研任务和研究所的仪器、设备、实验条件的建设。

（北京市人大常委会教科文委员会办公室根据市科委材料整理）

一九八六年五月

部分市人大代表和科研单位对科技体制改革的意见和建议

（1986 年 6 月）

为市人大常委会听取和审议市政府关于科技体制改革工作的汇报作准备，教科文委员会于三、四月间组织部分市人大代表视察了一些科研单位，并做了一些调查，听取了有关部门和科研院所的意见和建议。普遍认为，本市科技体制改革起步比较早，认真贯彻了中央的决定和方针，方向是正确的，发展是稳健的，取得了显著的成绩。同时，对目前科技体制改革工作中存在的问题，也提出了一些意见与建议，主要是：

一、关于坚持科学技术面向经济建设的方针

要普遍树立起重视科学技术进步的战略观点。现在对科技的重要性在认识上有所提高，但实际工作并不完全落实。有的行业管理部门与工厂企业缺乏远见，重视生产、产值，舍不得在科技上花气力，不注意产品的更新换代，对科学技术的社会功能和经济效益注意不够。需要广泛深入宣传，提高广大干部和群众对科技重要性的认识，使各主管部门都要有一种加快科学技术发展的紧迫感。

科学技术的发展一定要适应首都的经济建设、城市建设和城市管理的需要，提供数量多、经济效益好的科技成果，进一步解决长期以来科研和经济脱节的问题。首都发展当前面临水源短缺、环境污染、交通堵塞等几大难题，如何解决关系到多种的科学研究，要提出有科学依据的报告。

要注意引进和国产化的关系。引进国外先进技术是必要的，但引进以后要消化、吸收、创新，逐步做到国产化，对民族工业实行保护政策。然而目前在管理上存在一些弊端，如不少科技项目由工厂负责引进，没有组织科研单位参加，消化、吸收跟不上去。这样做的结果，只能在人家后面爬行，谈不上创新，不利于自己的技术水平的提高。

坚持近期技术开发和中长期课题研究相结合，克服一些科研单位只对近期的“短、平、快”项目感兴趣，忽视长远科研课题

研究的倾向。要十分重视科技工作的社会效益，不能光搞“创收”，而忘掉了科技工作本身的发展。有的科研单位为了赚钱，甚至放弃科研方向，出租房屋办旅馆。这种现象应当纠正。

二、关于发挥北京地区的科技优势

北京是我国智力密集的地区，发展科学技术有着得天独厚的条件。新中国成立以来，国家在北京兴建了大批科研机构和高等院校，科技力量有中国科学院、社会科学院、国防科工委、中央各部委、高等院校、地方科研机构，统称“六路大军”。据1984年统计，北京地区自然科学机构占全国科研机构的5.7%；科研人员占全国科研人员的18.4%，在29个省市中居第一位。问题是北京地区的科技优势还没有发挥出来，科技进步对首都经济增长所起的作用还不大。

要冲破条块分割，走科研、教学、生产横向联合之路。近年来，随着经济、科技体制改革的发展，各种科研生产联合体已达508个，科技协作更广泛一些，还聘请了一大批专家担任了市政府和公司、企业的科技顾问。在横向联合方面出现了好苗头，但还没有取得根本性的突破，应当认真总结经验，继续在发展的内容、方式、原则等方面进行探索。

建议抓好北京智力高度密集的地区。如海淀区域内有科研单位80多个，大专院校36个，科技人员数以万计，智力密集程度为世界所罕见。科技体制改革以来，在中关村出现了“电子一条街”，发挥出高智能的作用，给海淀区的科技事业和经济发展带来了生机。据海淀区计委调查，16家新技术开发机构，1985年总收入达1亿元，将近海淀区工农业总收入的十分之一。一些专家、教授建议，应把海淀区建设成为科技教育新兴产业开发区。

三、关于建立一支素质好的科技人员队伍

目前，科技队伍不适应经济社会发展的需要，农村科技力量尤为薄弱。市农办经过调查得出的印象是“数量不足，分布不均，比例失调，队伍不稳”。农口共有中专以上的科技人员6157人，而在县（区）以下（含县区）工作的仅3500多人，平均每万名农业人口中只有科技人员9.2名，真正在生产第一线的很少。目前郊区乡镇企业已发展到1.6万多个，从业人员75万，但各业技术人才仅有670多人（其中工程师以上的仅19人），只占职工总数的0.17%，少得可怜。

要落实中央关于“尊重知识、尊重人才”的指示，提高科技人员的地位和待遇，正确对待科技员业余兼职问题，注意解决他们住房的困难。建立和完善对科技人员进行继续教育的制度。特别是面临当前世界新技术革命迅猛发展的挑战，许多科技人员更加感到知识老化，迫切需要接受新知识。但规定的科技人员进修的时间不落实，尤其是一些科技骨干，不容易有学习的机会。希望有关部门制订培养规划和硬性措施，并划拨专项经费，建立进修基地，保证科技人员能够定期进修。

要加强对科技人员的思想政治工作。目前市科委不管党的工作，而行政局、公司、工厂都是从工厂企业出发布置思想政治工作，对科技人员没有针对性，但科技人员一些带共性的思想问题没人研究，思想工作薄弱，不利于调动积极性。

四、改善政府对科技工作的领导

市科委作为政府的职能部门，应面对全市科学技术事业的发展，加强对科技工作的宏观管理，加强科技立法工作。

在科技领导体制方面，远郊县（区）反映，目前还没有理顺，县（区）科委开展工作很困难，上下不通，左右不联。现在有一个“星火计划”，市科委也只是“攻关二处”带着管，没有长远

打算，提议市科委设立农村科技处，县科委要适当增加编制。

要求制定科技体制改革的配套扶植政策，希望市政府各有关部门紧密配合，通力合作，给予各级科研机构在财政、税收等方面给以优惠待遇，支持和推动科技体制改革的深入发展，使科技成果尽快转化为生产力，并为九十年代经济腾飞准备后劲。

（北京市人大常委会教科文委员会办公室编）

一九八六年六月

北京市“星火计划”纲要

（1986年）

《中共中央、国务院关于一九八六年农村工作的部署》中指出：“科学技术必须为农村经济服务，发展农村经济必须依靠科学技术，这应当作为一条重要方针而突出起来。”经中央、国务院批准，由国家科委组织实施的“星火计划”，旨在于把先进而适用的科学技术送往农村，送往乡镇企业，提高中小企业、乡镇企业的经济效益，使科学技术为农村经济建设和乡镇建设服务。这是一件既有现实又有长远利益的事业。农业结构改造，不发展乡镇企业不行，发展乡镇企业，不依靠科技不会有前途。两者结合，将可能闯出适合中国国情的新路。因此，“星火计划”作为一项基本政策长期坚持下去，将会取得意想不到的效果。

近年来，北京市乡镇企业有了很大发展。到1985年底，乡镇企业已达16,000个，从业人员75万人，占农村劳动力的

40%。全年总收入52亿元，占郊区集体经济总收入的70%，实现纯利润9.5亿元。在乡镇企业中，工业约占四分之三，总产值近40亿元。其中为大工业加工配套、联合经营或直接、间接纳入国家计划的企业占60%左右。这类企业的原材料供应及产品销售有保证。但多数乡镇企业非常需要科学技术，需要人才，需要现代化经营管理。

根据国家科委“星火计划”的基本精神，结合北京经济和科技发展的实际情况，经有关部门研究，制定本“星火计划”。

一、“星火计划”的目的及发展重点

北京市“星火计划”的目的是：动员和引导北京地区的科研单位、高等院校、产业部门，为振兴首都农村经济服务；为副食品基地的建设、乡镇企业的健康发展以及现代化村镇的建设服务；并作为北京市科技工作的一项战略任务长期坚持下去。

北京市“星火计划”的重点是：1. 围绕现代化副食品商品基地建设，发展为城市人民生活服务及首都市场特需的粮食、蔬菜、畜禽、水产、干鲜果品等的生产、加工、储运等综合配套技术，建立科研生产示范基地；2. 根据各区、县资源优势和市场需要，用先进而适用的科学技术改造和发展一批专业化生产企业；3. 按照首都工业发展规划布局及郊区各区、县的不同条件，发展为大工业配套和为出口服务的加工工业，逐步形成郊区各区、县的乡镇工业特点。

二、“星火计划”项目选题原则

北京市“星火计划”的各项目要配套安排，并组织技术、经济咨询。对产品选择、工艺、技术装备、管理和人才培训、资源、市场供应等问题要通盘考虑，并按以下几项原则择优安排：

1. 适合北京郊区、县发展，并有较大市场的；

2. 以发展新技术、新产品为主要内容的；

3. 有资源及技术保证的；

4. 周期短、见效快，投资少、效益大的；

5. 示范、推广价值大的；

6. 为大工业生产和引进技术配套的；

7. 能够出口创汇或节汇的；

8. 能够节约能源或治理污染的。

三、“七五”期间，“星火计划”的具体目标

在三、五年内，要大力组织开发和推广十一项农业系统工程，抓好一百个技术先进、经营管理好、经济效益高的乡镇示范企业；组织一千名专家、工程技术人员流向农村，或在乡、镇企业兼职；培训一万名农村技术骨干。这一目标概括为“十、百、千、万”计划。

1. 开发和推广十一项“六五”期间已逐步形成一定基础的成套技术和设备，并按系统工程组织实施。

（1）蛋鸡和肉鸡生产配套技术；

（2）北京鸭新品种选育和现代化养鸭技术；

（3）瘦肉型猪生产配套技术；

（4）肉牛饲养配套技术；

（5）淡水养鱼丰产技术；

（6）改造沙荒地，发展畜牧业的配套技术；

（7）粮食中低产田改造、开发技术；

（8）干鲜果品良种繁育、优质丰产栽培与产地贮藏加工技术；

（9）蔬菜新品种选育及新菜区开发技术；

（10）现代化花卉生产技术；

（11）农村住宅及村镇建设配套技术。

2. 根据首都技术优势及市场需要，利用各区、县资源特点，以食品加工、农村建筑、电子仪表、旅游产品、建筑材料等项目和上述十一项农业系统工程中的配套设备为重点，采用新技术，发展和改造一百个示范乡镇企业。1986 年先在五十个企业取得经验。

3. 十一项农业系统工程的配套及一百个示范乡镇企业，都要有较强的技术后盾。要结合项目的开发、推广，组织一千名专家、工程技术人员流向农村，兼职或当技术顾问，以提高乡镇企业的管理水平和技术水平。

4. 结合项目的开发、推广，为乡镇企业培训一万名当地技术骨干、技术工人和企业管理干部。主要培养对象是在职的当地初、高中毕业生，使他们掌握一至二项专业技术，为农村承接和推广新技术服务。

四、“星火计划”项目的计划与管理

1. 加强领导。在市科技领导小组的领导下，各有关委、办、局、总公司和银行、科协等部门要大力协同，密切配合。以市科委、农办为主，成立市“星火计划”办公室，负责日常工作。各区、县要有一名副区、县长领导，并以区、县科委为主，成立区、县“星火计划”办公室，负责日常工作。

2. 统一规划，分市、区（县）两级管理。市科委主要负责全市“星火计划”的宏观计划安排，负责重大项目和纳入国家级项目的论证及协调工作。多数项目以区、县为主组织实施。各区、县要根据各自特点及条件安排区、县级“星火计划”。

3. 采用滚动计划方式制定“星火计划”。重大项目采取招标方式，择优录取；列入市“星火计划”项目全部实行合同管理。

4. 对“星火计划”的各项目进行可行性研究。项目可行性研

究的基本任务，是对市场、资源、技术条件、资金来源、经济效益及进度等方面，进行方案规划、技术论证、经济核算和分析比较，为项目的决策提供可靠依据和合理建议。可行性研究报告由项目主办单位负责提出，请技术、经济方面有关专家审议。市“星火计划”的审议工作，可邀请市政府科技顾问和银行代表参加。

5. 项目成果评价。项目完成后，要按合同规定组织成果评价。项目成果评价工作主要由市科技进步奖评审委员会承担，同时邀请有关经济、管理部门代表参加。

6. 在执行“星火计划”的过程中，有关政策性问题，由市“星火计划”办公室和有关部门协商解决。

五、资金和使用办法

1. 资金来源。市“星火计划”的开发资金，由国家科委“星火计划”拨款贷款、市科技三项费用、市银行贷款等提供。

2. 上述拨款贷款均采取市、区（县）和承担项目单位匹配投资原则使用。

3. 根据市“星火计划”安排，在匹配投资落实后，由市科委和财政、银行等部门，按各区、县、局项目核拨上述拨款贷款资金指标，由区、县科委同企业签订合同，组织实施，并将落实情况报市星火办公室，作为市“星火计划”项目的优惠依据。使用贷款的调剂权归市科委和银行。

4. 为发展区、县科学技术开发实力，使用市科技三项费用的“星火计划”项目，有偿回收的科研经费，回收后留给区、县科委50%，上交市财政（纳入市科技三项费用）50%。使用国家科委三项费用的“星火计划”项目，按国家科委有关规定偿还和留成。

六、加强人才培训

各区、县要抓好人才培训工作，对乡镇企业进行专业技术培训和企业管理培训。技术培训工作要结合“星火计划”项目的开发、推广，分层次培训。可以区、县或乡为主组织，也可根据企业实际情况分散进行。市“星火计划”办公室拟会同有关部门举办一些面向全市的培训班。

北京市人民政府印发《关于当前农村科技体制改革的若干意见》的通知

（1986年6月26日）

各区、县人民政府，市政府各委、办、局，各总公司，各高等院校：

市政府同意市科委、市政府农林办公室拟订的《关于当前农村科技体制改革的若干意见》，现印发给你们，请认真贯彻执行。

随着农村经济体制改革的深入进行，各级政府必须认真贯彻落实科学技术为农村经济服务、发展农村经济必须依靠科学技术的方针，切实加强对科技工作的领导，使科技与经济更好地结合，促进郊区经济的发展。

北京市人民政府（印）

一九八六年六月二十六日

附：关于当前农村科技体制改革的若干意见

党的十一届三中全会以来，我市农村科技体制改革不断深入。遵照经济建设必须依靠科学技术，科学技术必须面向经济建设的战略方针，从打破“大锅饭”和加强横向联系入手，逐步实行了技术有偿服务、技术承包合同制和技术岗位责任制，广泛开展了智力引入、技术交流和交易，并初步调整了科技服务方向，建立了技术服务经营机构，取得了好的成效。

但是，农村科技体制改革尚处在起步阶段。原有的四级农村科技网已逐步解体，现行科技管理体系和服务体系也不健全，难以适应农村产业结构的巨大变化；加以农村科技人员少，分布不平衡，使首都密集的智力和科技优势尚未能充分发挥出来，有些单位和部门还没有把“经济建设必须依靠科学技术，科学技术必须面向经济建设”的方针落到实处。为此，必须加强农村科技工作。

（一）县（区）、乡政府要切实加强对农村科技体制改革的领导。要像抓农村经济体制改革一样，抓好农村科技体制改革，使两方面的改革协调发展，相互促进。根据《中共中央关于科学技术体制改革的决定》的精神，确定我市农村科技改革的指导思想是：1. 有利于科学技术与经济、社会的紧密结合、协调发展，有效地为实现首都郊区农村现代化建设服务。2. 有利于打破部门所有和条块分割的框框，发展横向联合，充分发挥首都人才的作用和科技优势。3. 有利于克服平均主义，打破“大锅饭”，充分调动科技人员积极性。4. 有利于科研单位以科技工作为主，不断提高科技工作面向经济建设能力、自身发展的活力和社会化技术服务的水平，以适应社会主义商品经济发展的需要。县（区）、乡政府要根据这一指导思想，结合本地实际，加强领导，统筹安排，创造性地进行工作。

（二）进一步调整郊区农村科技工作任务。依靠首都科技和智力优势，面向整个农村，实行技术和智力转移，是农村科技工作重点的战略转变，是农村科技体制改革要解决的基本问题。为此，郊区农村科技工作的重点是：用科学技术促进现代化的大农业生产和副食品基地的建设；帮助贫困地区改变面貌；促进较发达地区技术进步；引导乡镇企业逐步走上“小、专、现”（规模小、专业化、现代化）的轨道；推动农村经济建设、城镇建设与环境建设的协调发展，为建设社会主义现代化新农村服务。各县（区）政府要根据科技工作的重点，进一步调整科技部门和科技单位的工作任务。郊区县（区）乡的科技管理部门要纵观全局，加强宏观管理，组织协调各方面力量，充分利用首都的科技优势，当好“二传手”，做好引入（引进）、消化，试验（试制）、示范、培训、推广（投产）和服务经营工作，并逐步发展壮大本地区的科技队伍。

（三）建立健全县（区）、乡两级科技管理体系。县（区）政府要建立科技领导小组，搞好农村科技工作的统筹规划、组织和协调工作。县（区）科委是领导小组的办事机构。要加强县（区）科委的建设。县（区）科委是主管县（区）科技工作的综合职能部门，主要职能是贯彻农村科技工作的方针政策，统筹规划计划，组织重大项目的攻关及配套引入，管理和建设科技队伍，管好、用好科技经费等。当前，要把农村科技体制改革和实施“星火计划”作为重点，切实抓好。县（区）各主管经济部门，要加强对本系统科技工作的领导，成立精干机构或设专人负责日常性管理工作。乡科技工作重点，是把科技送到各行各业，千家万

户。各乡应有一名主要负责同志分管科技工作，并设专人（有条件的可设精干机构）管理全乡科技工作，与县（区）科委业务衔接，并接受指导。

（四）建立健全科技服务体系。当前的重点是：1. 加强面向行业的专业科技服务。2. 加强配套技术的综合服务。机构的设置，不强求一致。县（区）科委可以组建或完善综合性的、不以盈利为目的的事业性技术开发交流服务机构，并逐步向企业化管理过渡，有条件的也可以建立面向乡镇企业或乡镇建设的技术咨询服务机构。重点行业可以建立健全行业技术开发服务机构，发展拳头产品，推动行业技术进步。各县（区）应积极创造条件，建立与完善试验、示范、推广、培训一条龙的农业技术推广中心。乡一般可以按主要产业或行业设立生产指导与技术服务相结合的技术服务组织。农机、水电、植保、畜牧兽医等部门，一般应设立专业技术服务站，实行社会化服务。村（大队）可按专业，设不脱产技术员，或扶植科技示范户和各种群众性专业技术研究会，从事技术服务工作。

（五）发展农村技术市场，加强横向联系和联合。农村经济的发展方向是专业化、商品化、现代化。农村科技工作要从生产过程研究延伸到产前、产后服务；从单项技术发展到综合配套开发。为此，科技单位应面向行业、面向农村、面向社会，发展行业内、行业间的横向联系，特别是城乡横向协作联合。通过技术成果转让、技术承包、技术服务等多种形式，吸引更多的适用的科技项目和人才下乡。鼓励科技单位与县（区）属企业、乡镇企业和专业户建立各种形式的联合，直至建立紧密的科研生产联合体。

对已出现的技术市场、集体或个体的科研和技术开发经营机构，要积极扶植、引导，加强管理。对涉外活动和技术保密工作，应按国家有关规定管理。对技术转让、技术咨询服务的经济管理，应按国务院和北京市有关文件的规定办理，注意保护各方合法权益。要防止弄虚作假、剽窃他人成果、侵犯他人技术经济权益的不法活动。

（六）多渠道筹措农村科技发展资金。市里每年将由科技三项费用中增拨一定比例的资金，支持农村科技开发项目。银行每年安排一定的贷款额度，扩大对农村科技贷款的业务。各县（区）应从每年财政包干分成收入中提取一定比例的资金（一般不低于百分之三），增加对科技工作的拨款。各业务主管部门应从事业费或其他经营收入中每年提取一定比例的资金，用于本行业的科技工作。企业也应从利润留成中提取一定比例用于本企业的科技工作。对列入县财政预算内的农业技术推广和研究单位的事业费，仍由国家拨给（集体兴办的由集体拨给），实行包干使用，并应随着各级财政收入的增加而逐步增加。同时，积极鼓励和支持有条件的科技单位开展技术性经营、有偿技术服务、技术承包等活动，其收入留在本单位使用，以增强其自身发展的能力和活力。各乡每年也要从财政留成中和“以工支农”经费中，提取一定比例的资金，用于科技事业。

（七）简政放权，搞活农村科技单位。要扩大科技单位的自主权。逐步试行所、站长负责制，即：县（区）各科研单位的主管部门，着重掌握中央方针政策的贯彻，负责国家及本地区科技任务的落实、人员定编、经费分配和所、站长的任免；其他人权、财权、计划权等下放给科技单位。

农村科技单位，可逐步试行人员聘任制、劳动合同制、经费（国家或集体拨款）包干制。其纯收入，主要用于自身的建设和

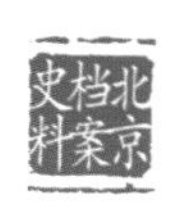

发展，并可提取少部分（一般不超过纯收入的百分之二十至百分之三十）用于集体福利和奖励基金。超过比例的，要由县（区）科委会同县（区）财政部门审批，最高不得超过百分之五十。奖励基金要体现按劳分配，杜绝吃“大锅饭”。对大专院校、科研单位向郊区农村转移技术成果，进行联合开发的新产品，凡符合国家有关规定的，可向税务机关申请减免税收。农村科研机构的改革，县（区）科委要会同主管部门组织试点，取得经验，逐步推开。

（八）加强农村科技队伍的建设。各县（区）要在调查研究现状和预测发展趋势的基础上，提出发展科技、培养人才的计划和规划，分年度实施。要认真办好市、县（区）农业院校和大学郊区分校。同时大力发展中等职业教育和成人教育，不断为农村输送专门人才。市、县（区）有关业务部门和科技团体每年都要有计划地为农村分级培训对口科技人员。培训费用要适当增加和集中，并列入部门或县（区）乡财政预算。县（区）、乡科技部门，要积极为专业科技人员的自学创造必要条件，平均每年不少于半个月的集中学习时间。要采取举办专业培训、系统讲座、科技夜校、文化补习等多种形式，培养技术骨干；要结合“星火计划”的实施，争取三、五年内，为郊区培训一大批能掌握一、两种实用技术的农村青年科技骨干。对在乡镇企业和乡、村（队）工作的农民技术员要建立考核制度，其报酬（补贴）等待遇，应同从事其他工作的同等人员一样，统筹解决。要充分发挥现有科技人员的作用，使他们的主要精力从事科技工作，做到人尽其才；对于长期在基层特别是在山区工作的科技人员，各地应积极创造条件，在生活福利、子女上学、就业等方面给予适当照顾。鼓励、支持城市科技人员向农村（特别是远郊区）合理流动。分配毕业生、研究生，各主管部门要优先考虑农村科技工作的需要。

（九）加强科协的建设。要充分发挥县（区）、乡科协及各有关学会、协会、研究会的作用，开展多层次、多学科、多种形式的技术服务、人才培训和科学普及活动，开展城乡科技交流和群众性的科技协作，进行技术咨询和宏观政策研究，调动各方面专家学者、科技人员和群众科技骨干的积极性。科协是科技工作者的群众团体，是党和政府联系科技工作者的纽带，发展科技事业的助手，是振兴农村经济不可缺少的一翼。县（区）科委、科协要通力合作，各有侧重，比翼齐飞。

进行农村科技体制改革，是一项繁重而紧迫的任务。各县（区）、各有关部门要认真贯彻、执行科技改革的政策，同心协力，互相配合，及时研究改革过程中出现的新情况，解决新问题。特别是要注意抓好精神文明建设，引导广大科技工作者，深入群众，深入生产第一线，使科学技术与生产实践紧密结合起来，促进农村经济的发展。

北京市科学技术委员会
北京市人民政府农林办公室
一九八六年六月

北京市人民政府批转市科委、市体改委《关于推动科研生产横向联合的若干规定》的通知

（1986年11月28日）

各区、县人民政府，市政府各委、办、局，各总公司：

市人民政府同意市科学技术委员会、市经济体制改革委员会制定的《关于推动科研生产横向联合的若干规定》，现转发给你们，请依照执行。

北京市人民政府（印）

一九八六年十一月二十八日

附：关于推动科研生产横向联合的若干规定

为促进科研生产联合的发展，根据市委、市政府《关于执行〈国务院关于进一步推动横向经济联合若干问题的规定〉的暂行规定》的精神，特作如下规定：

一、科研生产联合是指科学研究、教育、设计单位与企业之间的联合。其目的为加快科技成果转化为生产力，促进技术进步，提高经济和社会效益。联合要贯彻自愿、互利、共同发展的原则，不受地区、部门、行业和所有制的限制。

二、科研生产联合的主要内容：合作研制、联合攻关、定向合作开发、成果转让、委托研制、工程技术承包、联合引进、消化吸收国外技术和设备、国际科技合作、技术信息交流与人才培训、预测和决策咨询等。

三、科研生产联合应当围绕以下目标和要求进行：

（1）有利于科技组织结构的合理调整和人才的合理流动。

（2）有利于打破条块分割，形成综合技术开发能力，发挥首都科技优势。

（3）有利于企业技术改造、技术进步，提高企业的技术吸收和技术开发能力。

（4）有利于名、优、特、新产品的开发，增强企业的竞争能力。

（5）有利于消化、吸收引进的技术和设备。

（6）有利于开发、推广应用新技术、高技术，开发新产业。

四、科研生产联合的形式分为紧密型、半紧密型和松散型。

（1）紧密型联合，即组成新的经济实体，实行独立核算，独立承担经济责任，具备法人条件并取得法人资格；

（2）半紧密型联合，即实行共同经营，有较长的合作期，联合各方依照法律的规定或者协议的约定，承担连带经济责任与民事责任。

（3）松散型联合，即以技术转移为纽带，联合各方依据合同、协议在各自独立经营和独立承担经济责任的条件下，进行技术协作或技术转让等。各方的权利、义务由合同确定。

紧密型联合和半紧密型联合即为科研生产联合体（以下简称联合体）。

五、联合体一般应具备以下主要条件：

（1）有明确的技术经济合作领域和联合开发经营的业务范围，有联合章程。

（2）有持续提供并采用新的科技成果，实现科研、设计、中

试、试生产、生产一体化的技术力量和相应的物质条件。

（3）有与联合期相一致的科研、生产发展规划和计划；有必要的财务管理制度与分配制度。

（4）组成有权威的联合体领导机构，并有明确的领导人员任期、权限、责任的协定。

六、联合体各方可以用科技成果、专利、专有技术、商标、固定资产作价投资，也可以用货币投资。以科技成果、专利、专有技术、商标、固定资产作价投资的，其作价由联合体各方按照公平合理原则协商确定或聘请各方同意的第三者评定。

七、成立联合体，须由联合体各方共同提出书面申请，属于一个区、县范围或一个市属局（总公司）系统内部有关单位的联合，由本区、县政府或本局（总公司）审批，抄报市科委、市财政局及区、县财政局备案；跨地区或跨行业、部门的联合，经联合体各方上级主管部门审查，报市科委会同有关主管委办共同审批，并抄报市财政局和区、县财政局备案。经审批后，还须向工商行政管理机关申领营业执照，向税务机关申办纳税登记。

联合体合并、分立、转业、迁移或歇业时，应经原审批机关批准，并向工商管理和税务机关办理相应手续。

已建立的联合体，应按以上程序补办审批手续，方可享受本规定的有关优惠待遇。

八、松散型的联合，由联合各方自行协商签定合同或协议，不需审批。

九、联合的章程、合同或协议应经公证机关公证。联合章程、合同或协议应包括：联合的内容、目标，各方的投资，实施的计划指标、进度期限，成果归属，利益分配，违约的责任，争议的解决，名词术语的解释等。

联合体内单项科技成果的转让，可另订专项合同。

十、市、区、县各有关部门要支持各种形式的科研生产联合，维护联合各方的利益，协调矛盾，积极引导，推动科研生产联合健康发展。

对联合体要在税收、贷款、外汇、物资等方面给予优惠：

(1) 联合体有权参加重点科技项目的投标，接受国家及市下达的科研生产任务；有权申请科技项目经费，申报科技进步奖等。

(2) 对联合体中出口创汇好，有利于发展本市名，优、特、新产品，有利于资源合理开发，有利于贫困、后进地区经济发展的联营项目的贷款，以及承担市科技开发项目和市“星火计划”项目贷款，地方财政可根据情况，给予贴息。

(3) 联合体可以从联合开发的科技成果投产后的新增利润中税前提取百分之二十，作为科技开发基金，专项用于该联合体开发新技术、新产品，可连续提取三年，并参照实行税前还贷，不影响企业福利基金和奖励基金的提取。

(4) 联合体根据“先分后税”原则，联合各方按协议分配利润，并在各自所在地按有关规定纳税。为扩大同外省市的联合，在联合体利润分配上，可适当提高外省市投资的分利比例。

(5) 科研单位或企业以自有资金向联合体投资所分得的利润，免征所得税三年，科研单位或企业从联合体分得的利润再投资于该联合体，这部分投资所分得的利润，免征所得税三年。

(6) 联合体研究开发的科技项目经有关部门审批列入市科委、市经委计划的，可比照本市有关扶植新产品的规定享受减免税待遇。减免税款应用于科技开发。

(7) 科技单位参加联台体，在联合体内技术入股、技术转让、技术咨询、技术服务的净收入，可提取百分之十至十五专项用于

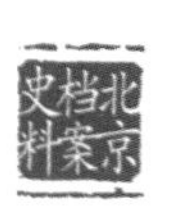

奖励有关人员，不计征奖金税。对联合体中的外省市科技人员，在工资性收入上可给予优惠，不计征奖金税。

十一、联合体必须认真贯彻执行党和国家的有关方针政策，遵纪守法，在国家许可经营的范围内从事科研、生产、经营活动；完成国家、市下达的科研生产任务；接受政府有关部门的监督、检查和管理；按主管部门的规定如实填报各类统计报表。

十二、不具备本规定第五条规定的条件以及未按本规定第七条审批的，均不享受本规定关于联合体的各项优惠。

对于弄虚作假，以假联合套取优惠的，由有关主管部门给予行政或经济处罚，直至追究法律责任。

十三、本规定具体执行中的问题，由市科学技术委员会解释。

十四、本规定经市人民政府批准，自一九八六年十二月十五日起实施。

北京市科学技术委员会

北京市经济体制改革委员会

20世纪80–90年代
北京市青少年科普工作史料

新中国成立以来，党和政府一直将科普作为一项重要的公益事业，特别是对青少年科普工作予以高度重视和大力推进，设立了各级科普管理和协调机构，建设了大量科普场馆和设施，并开展了形式多样的科普活动。

科学素质的培养，关键在未成年期。作为生长在全国科技文化和教育中心的未成年人，北京的少年儿童拥有着其他地区无可取代的科普环境和得天独厚的科普资源，其总体科学素质也在全国居于领先地位。北京市青少年科普教育工作定位于未成年人科学素质提升和基础教育、科学教育的完善，使中小学生掌握必要和基本的科学知识与技能，体验科学探究活动的过程与方法，培养良好的科学态度，增强创新意识和实践能力。20世纪80—90年代，为贯彻落实邓小平同志提出的“科学技术是第一生产力”的重要论断精神，北京市科协围绕提高首都青少年科学文化素质，通过组织管理、引导协调、积极开展主题鲜明、形式多样的青少年科普教育活动，有效地激发了青少年学科学、爱科学、讲科学、用科学的热情，把首都青少年科普工作推进到新的发展阶段。

2002年6月，《中华人民共和国科学技术普及法》颁布，作为世界上第一部科普法，首次从法律层面上确定了国家普及科学技术知识、提高全体公民的科学文化水平的根本方向。2022年北京市政府发布《北京市全民科学素质行动规划纲要(2021—2035年)》，以践行社会主义核心价值观、弘扬科学精神为主线，以深化科普供给侧改革为重点，面向基层、面向重点人群，强化首都科普主平台建设，着力打造社会化协同、智慧化传播、规范化建设和国际化合作的科学素质建设生态，营造热爱科学、崇尚创新、尊重创造的良好氛围，为新时期更好地开展青少年科普教育提供了行动指南，为开创青少年科学素质建设新局面奠定了坚实的社会基础。

本组史料选取了20世纪80年代至90年代，北京市科协在全市中小学科普教育活动的组织管理、指导评估、活动开展等方面的情况，如科技辅导员培训、举办科技竞赛、开展科学周（月）活动、举行科技夏（冬）令营、征集小发明或小论文等，反映了改革开放后北京市青少年科普工作的发展概况，对于做好新时期首都青少年科普工作具有参考价值。现予以整理公布，供研究者参考。

北京市档案馆藏，档号：10-3-214、554、604，100-4-1103，153-21-490，153-33-337。

——选编者　宋鑫娜

市科协、市教育局关于召开全市优秀青少年科技辅导员和青少年科技活动先进集体经验交流会的通知

（1982 年 8 月 28 日）

（82）京科协发字第 028 号

各区、县教育局，
各区、县科协，
北京市各青少年科技爱好者协会：

近几年来，在我市青少年科技活动中，涌现出大批优秀科技辅导员和先进集体。为了交流经验，表彰先进，推动青少年科技活动更加广泛深入地开展，定于今年十月下旬召开全市优秀青少年科技辅导员和科技活动先进集体经验交流会。现将有关事项通知如下：

一、会议规模和名额分配：

出席这次经验交流会的共 295 名，其中优秀科技辅导员 160 名，科技活动先进集体代表 35 名，列席代表 100 名。会议将表彰优秀科技辅导员和科技活动先进集体。

各区县、各青少年科技爱好者协会代表名额分配详见附表〈略〉。

二、代表推选办法：

（1）要把推选代表的过程作为学先进、赶先进和推动工作的

过程，需做好总结、宣传先进经验的工作。

（2）优秀科技辅导员及科技活动先进集体分别由各区县科技辅导员协会（筹备会）及市青少年科技爱好者协会推选。并由区县科协、教育局及爱好者协会委员会审定上报。

（3）凡被推选的个人或集体均需征得所在单位的同意。

三、评选条件：

（一）优秀科技辅导员条件：

①坚持四项基本原则，热爱党，热爱社会主义，思想进步，作风正派。

②热爱青少年科技辅导工作，积极肯干，任劳任怨，能克服困难，创造条件开展工作。并有两年以上直接参加辅导工作的实践经验，取得一定的成绩。

③努力学习科学技术，不断提高自身业务水平。

④关心科技辅导员协会的工作，能积极完成协会交给的任务，促进本区县或所在单位科技活动的开展。

（二）青少年科技活动先进集体（包括中、小学校和校外科技活动单位）条件：

①领导重视。能全面贯彻党的教育方针，开展青少年科技活动的指导思想明确，领导机构健全，能把青少年科技活动纳入议事日程和整个工作计划中。

②措施落实。科技活动的内容、时间、地点、场地、辅导力量等安排落实。对经费、器材等问题解决的较好。

③成绩显著。科技活动开展的广泛经常，内容丰富，结合教学好。在激发青少年科学爱好，提高他们的科学素质，培养人才等方面，作出了一定的成绩。

四、经验交流会的具体工作由北京市科协青少年部负责。各区县将优秀青少年科技辅导员和青少年科技活动先进集体登记表一式二份，连同参加经验交流的典型材料（各区县须有一至三份典型材料，每份不超过三千字），于九月底前报至北京市科协青少年部。

典型材料应力求事迹突出，生动，思想观点明确，文字表达清楚。以便从中评选出席全国优秀青少年科技辅导员和青少年科技活动先进集体表彰大会的代表。

五、会议的具体时间、地点等事项另行通知。

北京市教育局（印）
北京市科学技术协会（印）
一九八二年八月二十八日

市教育局关于印发《关于加强北京市中小学科技教育工作的意见》的通知

（1992年9月15日）

京教校字〔1992〕第10号

各区、县教育局：

现将《关于加强北京市中小学科技教育工作的意见》印发给你们，请根据实际情况，制定加强本区县科技教育工作的意见，我局将于一九九三年上半年检查落实意见的情况，请你们于一九九二年底将本区县加强科技教育工作的意见报我局校外教育

办公室。

附件：关于加强北京市中小学科技教育工作的意见

北京市教育局（印）

一九九二年九月十五日

附件：关于加强北京市中小学科技教育工作的意见

我市中小学科技教育工作，十几年来有了较大的发展。建立了一定数量的科技教育的阵地及一支有一定骨干力量的辅导教师队伍，建立了科技教育的组织机构及专业组织，积累了开展科技教育活动的经验，各项活动也取得了可喜的成绩，我市已基本形成较为健全、完善的科技教育的组织管理指导工作的领导体系。尽管我市中小学科技教育工作取得了一定的成绩，但也还存在一些问题，主要是：科技意识亟待提高，科技教育力量不足，缺乏得力的措施。为解决上述问题，我局于一九九二年五月十三日召开了中小学科技教育工作座谈会，并印发了座谈会纪要。为进一步加强和推进中小学科技教育工作，特提出以下几点意见。

一、提高认识，建立健全科技教育工作的组织机构。

各区（县）要把在中小学生中开展科技教育提高到落实邓小平同志“科学技术是第一生产力”的指示迎接两个挑战和提高全民族科学文化素质的高度来认识。

为加强中小学科技教育工作，各区（县）教育行政部门要建立健全组织机构，应有一名领导同志负责此项工作。各中小学要有一名干部负责此项工作。城近郊区中小学及有条件的远郊区（县）中学要设立课外活动教研室（组），具体负责开展本校课外活动的各项工作，各中小学要根据本校科技活动项目的设置，聘请校内外能胜任此项工作的同志担任辅导工作。

为了加强我市中小学科技教育工作，我局决定由市校外教育办公室负责全市中小学科技教育工作，市青少年科技馆负责组织全市中小学科技教育的活动及培训辅导教师的工作，市校外教育研究室负责组织编写科技活动的教学大纲。

二、因地制宜地开展普及性活动，加强对中小学生的科技教育。

各中小学、校外教育单位要结合自己的特点和条件，根据学生的年龄特点和知识水平，以灵活多样的形式，开展丰富多彩的活动。各中小学要因地制宜地利用广播、电视、电影、幻灯等电化教育手段，对中小学生进行科普教育。各单位在开展活动时，要把国民经济发展中应用广泛的实用技术及高新科技的最新成果的普及、推广工作作为今后活动的一项重要内容。农村中小学要开展与农、林、牧、副、渔比较接近的学科的活动，要把科技活动同本县的“星火计划”结合起来。市、区（县）重点中学在本区（县）科技活动中起示范作用，并带动本地区中小学开展科技活动。

各师范学校更要对学生加强科技教育，要让每一个学生都参加科技活动，让他们学会一、两项开展科技活动的本领，以培养有科技活动辅导能力的后备教师。

市、区（县）校外教育机构要成为本区（县）中小学科技活动的培训、活动、指导中心。市、区科技馆、少年宫要向中小学生介绍新科技领域的知识，新的科技成果，要创办科技俱乐部，并定期为中小学生举行咨询等项活动，各少年之家也应配合本地区小学搞好科普教育活动。

为了推动工作，展示成果，我局每年将同市科协等有关方面共同举办中小学生“爱科学月”活动。为了引起社会各界对中小

学科技教育工作的重视和支持，我局将利用广播、电视、报刊等新闻媒介介绍中小学科技教育的作用、效果。

三、采取有效措施，提高科技活动的质量。

各中小学要在抓好普及科学知识的基础上，重点抓好课外科技小组活动，科技小组要开展有利于培养实践能力的活动，要开展不以中小学教学大纲、教材为内容的基础性学科、技能性学科、应用性学科的活动，要做到活动时间、地点、内容、经费和辅导教师五落实。

各校外教育单位要不断提高活动质量，要逐渐做到活动与生产劳动相结合，活动与科研相结合，在提高教育效益的同时，取得一定经济效益。

各中小学要把在科技活动取得优异成绩学生的情况计入学生本人档案，并在评选三好学生，评定奖学金，向高一级学校或用人单位推荐时优先照顾。

为了推动我市中小学科技教育工作，我局在调查研究的基础上重新审定了“北京市中小学生科技竞赛项目”，为提高我市中小学科技竞赛的成绩，我局准备与有关部门共同在全市竞赛中选拔成绩优异的学生组成北京市代表队参加全国比赛。为提高中小学科技活动的质量还将命名一批科技活动传统项目学校。为奖励在科技活动中做出贡献的辅导教师和取得优异成绩的学生，我局将组织“北京市中小学教师科技园丁”“北京市中小学生科技新苗”的评选。

四、加强师资队伍的建设，改善开展科技教育活动的条件。

各中小学要建立一支以理科教师为主，青年教师为主，同时聘请部分科技工作者参加的辅导教师队伍。要结合中小学教师的继续教育有计划地培训科技活动的辅导教师，以更新知识，提高现有教师的素质。同时要有计划地选派热爱中小学科技教师工作、思想作风正派，实践能力强的大、中专毕业生充实到中小学及校外教育单位。

各中小学要制定鼓励教师担任科技活动辅导工作的相应措施，要把他们的辅导工作列入工作量，将辅导工作的成绩计入工作成绩，在评选先进，评定职称时给予考虑。

各中小学要为课外科技小组创造一定的物质条件。各区（县）教育局要协助中小学健全科技活动的专用教室、实验室，使之适应课外科技活动的需要。

平谷、怀柔、延庆、密云四县要尽快建立少年宫。其他区（县）要把科技馆、少年宫、少年之家的扩建、改建、设备补充列入区（县）改善办学条件的计划，并尽力优先实施。

我局为了将市青少年科技馆办成全市中小学科技教育的示范、指导、改革、实验中心，将增加对其资金的投入，同时对区（县）科技馆、少年宫的重点项目给予扶植。各区（县）教育局要按此精神，增加对中小学科技教育单位的投入。

五、总结经验，搞好理论研究工作。

我市中小学科技教育工作的辅导教师多年来在实践中摸索出许多好的做法，积累了许多经验，为了推动此项工作，各区（县）及中小学要组织各专业学科、科普活动的教师开展经常性的教育教学研究活动，有关部门要宣传推广科技教育理论的研究成果和开展科技教育教学活动的先进经验。

各区（县）要组织力量对在新形势下中小学科技教育工作的特点，工作方法，以及如何迎接新技术革命的挑战及其他亟待解决的理论问题进行研究。

附件：1. 北京市中小学生“科技新苗”申报条件

2. 北京市中小学教师“科技园丁”申报条件

3. 北京市中小学生科技竞赛项目

4. 北京市中小学科技活动传统项目学校申报条件

一九九二年九月十五日

附件1：北京市中小学生“科技新苗”申报条件

本市在校中、小学生，本人德、智、体全面发展，并具备以下其中一方面条件者，可以申报参加北京市中小学生“科技新苗”的评选。

1. 考入大学少年班的学生。

2. 某项专业技术或某学科的专业知识水平达到大学本科毕业水平的在校学生。

3. 专项技术及理论水平达到二级技师以上水平的在校学生。

4. 在两个以上的年度中参加国家教委、中国科协、国家体委举办的全国正式比赛中获两个以上的奖，其中一个一等奖（或前三名）一个二、三等奖（或前六名），或在国际正式比赛中获一个一、二等奖（或前三名），在全国获一个一、二、三等奖（或前六名）的在校中、小学生。

5. 参加全国模型、无线电项目比赛，成绩突出获国家级健将称号的中、小学生。

6. 在学科学、用科学方面或在基础文化知识学习中成绩突出，受到区、县人民政府以上单位表彰的在校中、小学生。

附件2：北京市中小学教师“科技园丁”申报条件

本市中、小学教师（含教育部门其他单位承担中小学科技活动辅导工作的教师），坚持党的四项基本原则，从事中小学科技活动辅导工作十年以上，并具备以下其中一方面条件者，可以申报参加北京市中小学教师“科技园丁”的评选。

1. 辅导的学生两名以上达到“科技新苗”的申报条件。

2. 辅导的学生两名以上在国际正式科技（含学科以下同）比赛中获奖，其中一名为一等奖（或前三名）。

3. 辅导的学生在国家教委、中国科协、国家体委等部门举办的正式科技比赛中获两个一等奖（或前三名）、四个二、三等奖（或四至六名）。

4. 辅导的学生在市教育局、科协、体委等部门举办的正式科技项目比赛中获六个一等奖（或前三名），十个二、三等奖（或四至六名）。

5. 从事中、小学科技活动辅导工作二十年以上，辅导过的学生达到二百人以上。在区（县）教育局、科协、体委等部门举办的正式科技比赛中有 30 人次以上获奖，其中 30% 为一等奖（或前三名）。

6. 在中小学科技活动辅导工作中成绩突出，受到区（县）人民政府以上单位表彰的中、小学教师。

附件 3：北京市中小学生科技竞赛项目

1. 北京市中小学生数学竞赛（市教育局小教处负责）。

2. 北京市中学生数学、物理、化学、计算机竞赛（市教育局中教处负责）。

3. 北京市中小学生航空、航海、车辆模型、无线电测向、□台竞赛。

4. 北京市中小学生科技发明、论文、制作竞赛。

5. 北京市中小学生生物百项竞赛。

6. 北京市中小学生电子技术竞赛。

7. 北京市中小学生应用技术竞赛。

附件4：北京市中小学科技活动传统项目学校申报条件

本市中小学（含教育部门所属师范学校、职业高中、不含校外教育单位）对在校学生进行科技教育，坚持开展课外科技活动，并具备以下条件者，可申报北京市科技活动传统项目学校。

1. 领导重视，坚持对在校学生进行科学普及教育。

2. 普及与提高相结合，广泛建立课外科技活动小组。

3. 科技活动有固定的活动经费及较高水平的辅导教师。

4. 在某一项科技活动中专业水平在全国或全市处于领先地位。

北京市科学技术协会
1994年青少年科技教育工作总结

（1994年12月7日）

94年，市科协的青少年科技教育工作，以提高青少年思想道德素质和科学文化素质为指导思想，发挥科协综合科技优势和组织协作优势，以改革创新、实干创业的精神，在组织重点科技活动，扩大科协工作影响，开拓工作新局面，发展组织队伍和开展科技服务等项工作中，都取得新的成绩。

一、94年工作成绩

1. 科技创造发明和科学论文两项活动取得好成绩。

94年4月份举办了市青少年科技发明作品和科学论文征集评比活动。主要做了三项工作：(1) 组织有关学科、专业的评委进行评选；(2) 对推荐参加全国比赛的作者进行专业相关知识和技能培训；(3) 组织参赛选手赴广西参加全国第七届发明竞赛和科学讨论会、赴青岛参加全国发明展览会。在赴南宁参赛过程中，克服洪水造成的交通和传染病等困难，全体师生艰苦努力，圆满完成任务。北京市青少年在两项科技竞赛中都取得好成绩，在全国青少年发明竞赛中取得一等奖 3 项、二等奖 4 项、三等奖 3 项。取得科学论文一等奖 4 项、三等奖 2 项，其中由 55 中高三学生周淼，赖其偶设计制作的“新型遥感飞行器”还获得美国 IET 基金会颁发的逢荃奖。北京市青少年在两项比赛中的团体成绩列全国各省市、区首位。在全国科技展览会上，北京市参展的科技作品获得金牌 2 枚、银牌 2 枚、铜牌 1 枚。

2. 北京“雷达”科学天才少年奖竞赛规模和社会影响进一步扩大。

由市科协和北京青年报等有关单位共同举办的科学天才少年奖第二届竞赛活动，于 3、4 月份举办。本届比赛的特点是：一是学生人数由 93 年的 200 人增加到 500 人，扩大了此项竞赛活动的受益面；二是保持组织和考评工作的高层次，竞赛组织工作委员会由封明为同志担任名誉主任，由市科协、市教育局、团市委等有影响的部门的领导组成工作委员会，市科协党组书记季延寿同志担任主任，由王大珩、王绶琯等知名科学家组成考评工作委员会，保证了组织和考评工作的高水平；三是加强宣传工作，扩大竞赛的社会影响。利用竞赛新闻发布会、组织中学生和科学家见面、竞赛发奖会和“五四”火炬传递活动，向社会和青少年进行爱祖国、爱科学的宣传教育，促进学生全面发展，打好知识基础，锻炼提高学习运用知识的能力，扩大竞赛的导向作用，使“雷达”科学少年天才奖，在全市成为有影响的、高层次的科技

教育活动。通过五科考题笔试，命题论文和口试答辩，产生12名竞赛优胜奖和10名科学少年天才奖，获得第一名的是北大附中高二学生陈雁北同学。

3. 举办科技夏令营，进行热爱祖国、热爱大自然的教育。

自7月5日开始，至8月20日，分两处营地分别举办了延庆县和妙峰山两处科技夏令营。共有60多所中、小学，4627名中、小学生参加。94年的科技夏令营活动是在市场经济的背景下，在面对激烈竞争的情况下进行的。在暑期教育行政部门、校外单位、中小学校、社会单位、群众团体，甚至一些个人都以组织夏令营作为经济创收的手段。有的采取行政手段，有的采取经济手段和个人关系来争夺学生生源。市科协的科技夏令营坚持以天、地、生等综合科技教育内容为宗旨，以周密的组织服务工作和低标准的收费赢得了信誉，受到参加学校领导和教师的好评。在一个半月的夏令营工作中，科协青少年部的干部，坚持在活动第一线，有的同志在工作岗位上45天不回家，克服预想不到的困难，保证夏令营学生的绝对安全，圆满地完成了党组提出的要求。

除夏令营活动外，94年暑期工作中还组团参加了国际青年夏令营活动（在韩国），在18个国家和地区参加的活动中，北京市科协由李为民同志带队，五名师生严格遵守外事纪律，积极宣传我国建设成就和古老文化，受到韩国主办单位赞扬。

在94年暑期中还组团赴青海省参加了由中国科协举办的五省市和香港学生夏令营。组织15名学校领导和教师赴广西南宁参观了解全国青少年科技发明竞赛活动，都圆满地完成了任务。

4. 开辟新的活动形式，举办冬令营和科技周末活动。

克服冬季气候寒冷的困难，青少年部首次在今年1月15日至2月初，在中、小学放寒假期间举办冬令营活动。内容以科技参观为主，开辟了中国科技馆和航空博物馆、麋鹿苑和野生动物繁殖中心、大堡台汉墓博物馆和世界公园等三条活动路线。共组织20所中、小学1500余名中、小学生参加活动。

94年二季度还结合学校春游举办了科技周末活动，组织432名同学到京郊自然风景区进行一日科技考察活动。

5.发挥科协多学科的优势，向中学生传播科技知识。

组织动员广大科技工作者关心青少年成长，向青少年传播科技知识是科协和学会的传统。为了动员更多的首都科技工作者对青少年科技活动和学习生活进行指导，进一步扩大受益面，北京市科协在94年北京市青少年爱科学月中组织了"中学生科技传播活动"。在中国科协的大力支持下，号召首都的各自然科学学会、科普单位，以报告会、座谈会、参观等多种形式，向全市中学生进行爱祖国、爱科学的教育。11月中旬，中国科协原副主席、著名菌类专家裘维蕃教授、著名儿科专家胡亚美教授，在"科技传播活动"开幕式上向千名中学生作了生动感人的报告。裘老以83岁高龄，结合自身经历，讲述了祖国的强大才有民族地位的经历和感受，对青少年是一次生动的热爱祖国、热爱社会主义的教育。在北京十大杰出青年、北京大学青年科学家严纯华教授的报告会上，他向近两千名中学生结合自己的成长道路，讲述了对"严谨、勤奋、求实、创新"北京大学八字校训的体会。在由市科协举办的两次大型报告会上，全场中学生专心听讲、认真记笔记、积极递条向专家请教。有的报告会时间长达三个小时，会场秩序良好，表现出青少年强烈的求知欲和对科学家的敬仰。在这次科技传播活动中，将有近40个全国和市属协会提出报告项目，有近百名科技工作者参加传播活动。在11月份爱科

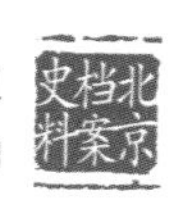

学月结束后，将对传播活动效果进行汇总统计，并对优秀组织工作单位进行表彰。

6. 以改革的精神，建立新的组织网络。

在改革的新形势下，我们对科协系统的青少年工作团体：北京青少年科技辅导员协会进行了组织改革。协会名称改为青少年科技教育协会，参加对象由原来主要是科技教师、辅导员，扩大为热心青少年科技教育的领导干部、教育部门和学校的领导，科技团体、科技场馆和学会的科技工作者，企业界、新闻界和热心青少年工作的社会人士。目的是把青少年的教育工作立足于全社会的关心和依靠社会支持的机制上。经过半年多的工作筹备，于10月14日召开了北京青少年科技教育协会第三次代表大会，选举产生市政协副主席卢松华担任理事长，由尹衡丰（市乡镇企业局局长）、田小平（市科协副主席）、汤世雄（市教育局副局长）、王晓平（市财政局副局长）、张开逊（市政协兼职副主席、发明家）、杨学礼（首都师范大学副校长）、高玉琛（朝阳区教育局局长）、龚正行（八中校长）担任副理事长。理事会由各方面关心和从事青少年科技教育的人士99人组成，常务理事会由33人组成。青少年科技教育协会第三次代表大会的召开，得到各方面的好评。中国青少年科技辅导员协会立即发出通知，将于95年按北京市的思路和作法召开全国第四次代表大会，对协会组织进行改革，这是在新形势下，发展青少年科技教育事业的一项有意〔益〕尝试。

7. 发挥首都的作用，为全国青少年科技教育事【业】作出贡献。

（1）为了推动生物科学的普及和提高，中国科协青少年部决定把青少年生物百项培训任务安排在生物专家力量雄厚的北京、上海两市。市科协根据培训的要求经和有关专家联系，提出培训内容的计划安排，联系印刷讲义和培训地点，于5月7日，在北京香山开班，参加学习的包括北方14个省市和北京市的约100名学员，讲课内容包括：植物、昆虫、林学、环境等学科和生物活动的指导方法、项目成果要求等。在青少年部全体同志努力下，讲课内容针对性强、组织工作妥善、服务周到，培训历时十天，圆满地完成任务。

（2）受中国科协青少年部委托，于10月25日至11月3日承办中国科协与联合国儿基会合作项目主任培训和工作研讨会在香山卧佛寺饭店召开。来自全国各省、市、区的科协青少年工作负责人（其中包括5名省市副主席）和联合国儿基会两位官员、两位科技教育专家参加培训。中国科协书记处常志海书记、青少年部项苏云部长、北京市科协副主席田小平出席了开幕和闭幕式。这次培训和工作研讨会，对实施联合国儿基会合作项目计划、对部署今后科协青少年科技教育工作都是一次重要的会议。北京市科协青少年部承担了会议的组织接待、活动安排等全体会务工作，联合国儿基会官员和中国科协领导对会务工作十分满意，对市科协所作出的努力表示感谢。市科协副主席张大力、陈杭和辛俊兴同志代表市科协招待了各省市科协代表。

二、工作体会和存在问题

94年工作是在改革开放的新形势下，不断解放思想、转变观念、认识提高的基础上进行的。通过学习邓小平同志建设有中国特色的社会主义建设理论，结合科协的性质、特点、任务，认识到科协的青少年工作，必须在社会发展中找准自己的位置，体现科协的优势才能得到发展。首先要明确，科协是党和政府领导下的人民团体，进行青少年科技教育是科协应尽的社会责任，是

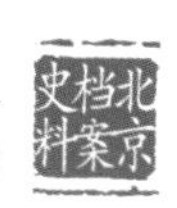

代表了广大科技工作者的心愿，科协应该依靠政府的支持，把青少年工作做好。但这是不够的，因为这项工作关系到国家的未来，民族的振兴和希望，因此也是全社会的共同责任，应当更多地依靠社会的关心和支持，在这方面过去的认识和工作是很不够的。同时，青少年工作关系到千家万户的切身利益，子女的教育是每个家庭最关心的，这项工作不仅仅是社会公益事业，也应该视为一项社会服务事业。在认识提高的基础上，94 年的工作有了三个自觉的转变，一是从过去强调科协对青少年科技教育的“牵头”地位，造成政体不分，包揽过多的状况下解脱出来，逐步形成自己的工作特色和工作重点；二是从强调依靠国家拨款的传统观念中解脱出来，自觉的在组织建设上、活动开展上，争取资金来源上最大限度的发挥科协综合科技团体和跨部门的优势，形成新的社会化的工作运行机制；三是从“官办”团体的模式中解脱出来，转变为科协工作的宗旨就是做好社会服务的思想，包括为政府部门服务和为社会服务来发展科协事业，做好两方面的工作。在观念转变的基础上，在青少年部全体同志的努力下，才取得了 94 年多方面工作的成绩。

存在的问题：在新形势下，存在着干部的思想作风和新的工作要求不适应的问题，比如在接受社会信息方面，存在着深入基层调查研究不够的问题，对区县科协青少年工作布置任务多、进行指导少的问题，存在着发挥首都优势，发挥科协主导作用和有关方面联系少、信息占有少的问题，另外，94 年在有些方面只是个开端，在工作活力和实力两个方面还不适应，深感物质条件差，进行工作“力不从心”等问题。

青少年工作部

94 年 12 月 7 日

团市委、市科委、市科协等单位关于举办第二届北京青少年科技博览会的通知

（1995 年 3 月 31 日）

京团字〔1995〕20 号

各区、县科委、科协、文化局、广播电视局、教育局、团委，各局、总公司、大专院校、市直属单位、科研处、科协、教育处、团委：

为贯彻落实《中共中央国务院关于加强科学技术普及工作的若干意见》精神，增强青少年的科技意识，提高青少年科技素质，引导全市青少年为首都的现代化建设和改革开放做贡献，共青团北京市委、北京市科委、北京市科协、北京市文化局、北京市广播电视局、北京市高教局、北京市教育局定于 4 月底至 5 月底举办为期一个月的第二届北京青少年科技博览会。

一、基本原则

第二届北京青少年科技博览会将以青少年科技节的方式进行。基本原则是：面向基层，组织青年参与科技创造，展示青年科技成果；面向实践，组织青少年参加丰富多彩的科技实践活动，提高青少年的科技意识和学科技用科技的能力；面向未来，追踪世界科技动态，了解我国的科技成就，普及科技知识。通过开展适合青少年特点的、丰富多彩的科技活动，帮助青少年提高科技意识，学习科技知识、参与科技创造的实践。

第二届北京青少年科技博览会的主题是“科技与跨世纪”。

二、主要内容

第二届北京青少年科技博览会的主要内容分为三个层次：

（一）第一个层次为全市重点活动。主要活动有：

1. 科技知识讲座。邀请著名的科学家和学者为青少年做科技知识和前沿科技动态报告讲座。

2. 科普展览。以图片、模型、实物为主，配以通俗易懂的文字说明，展示科普成果。

3. 科技参观旅游。组织青少年参观本市高科技项目、科研机构和设施，安排优秀青少年科技人员和积极分子到外埠高科技场所考察旅游。

4. 科技影视展播。精选一批优秀科技题材的影视片，组织青少年观看。

5. 科技演讲比赛。组织以“科技与跨世纪”为主题的演讲比赛，先分口选拔，第二届北京青少年科技博览会期间进行总决赛。

6. 青年星火技术推广和示范活动。在京郊命名20个青年星火技术示范基地，评选1995年度北京市青年星火带头人和青年星火科技之星。

7. 进行“首届北京青年科技企业家之星”评选揭晓表彰活动，并对当选青年科技企业家的创业事迹进行深入宣传，树立科技创业的典型。

（二）第二个层次为行业重点活动。主要活动有：

青工系统：北京市第七届“五小”活动成果评比及表彰。

郊区系统：青年星火技术普及与推广。

城区系统：科技支农青年志愿者营。

大学系统：首都大学生计算机技能大赛。

中学系统：中学生科普小论文征文比赛。

小学系统：小学生手工拼图大赛。

外联系统：中外青少年科技交流。

（三）第三个层次为基层科技活动。主要围绕以下方面开展：

1. 要从科学知识、科学方法和科学思想的教育入手推进科普工作，培养青少年用科学的思想观察问题，用科学的方法处理问题的能力。

2. 展示青年科技成果，反映青年在科技创造中取得的成就。

3. 结合行业特点，广泛开展“五小”竞赛、技术比武、实用技能竞赛、青年星火示范知识普及等学科学用科学的科技实践活动。

4. 做好组织发动，积极动员青少年参加全市性的各项科技活动和行业开展的重点活动。

三、实施步骤

第二届北京青少年科技博览会分为前期准备、落实方案、组织实施三个阶段进行。

（一）前期准备阶段：（3 月初至 3 月 31 日）

联系活动场地，确定活动项目，制定实施方案。

（二）落实方案阶段：（3 月 31 日至 4 月 20 日）

落实各项物质准备，搞好工作衔接配合，做好宣传发动工作。

（三）组织实施：（4 月底至 5 月底）

明确职责，精心组织落实，协调有序地开展活动。届时将举行隆重的开幕式。

四、组织保障

为加强对第二届北京青少年科技博览会工作的领导，团市委、市科委、市科协、市文化局、市广播电视局、市高教局、市教育

局共同成立由主要负责人组成的组织委员会（名单附后），组委会下设办公室（设在团市委），负责活动的筹备、组织、协调和日常事务的处理。

五、工作要求

1. 提高认识，广泛发动。举办第二届北京青少年科技博览会，对于在广大青少年中普及科学知识，强化科技意识，调动全市青少年投身科技创造和首都现代化建设的积极性，推动社会主义物质文明和精神文明建设具有重要意义。各单位要予以充分重视，并将这一工作作为今年上半年的重要工作来抓。要在组织青少年积极参加全市性科技活动的同时，认真筹划和组织适合本单位特点的青少年科技活动，最大限度地动员青少年投身到各项科技活动中去。

2. 精心组织，扩大宣传。要根据第二届北京青少年科技博览会的总体部署，精心设计具体活动方案，并认真组织实施。基层活动方案，要于 4 月底前报各上级主管部门。要充分利用各种新闻宣传媒介，广泛宣传报道，扩大活动的社会影响。

3. 加强领导，搞好协调。各单位科技、文化、广播电视、教育部门、科协、团委要积极争取党政领导的支持，密切配合，加强统一领导和工作协调，发挥各自优势，落实好第二届北京青少年科技博览会各项工作任务，推动青少年科技活动的深入开展。

第二届北京青少年科技博览会结束后，组委会将对基层优秀的组织单位进行表彰。

附 1：第二届北京青少年科技博览会组织委员会名单〈略〉

附 2：第二届北京青少年科技博览会重点活动方案〈略〉

共青团北京市委员会

北京市科学技术委员会

北京市科学技术协会
北京市文化局
北京市广播电视局
北京市高教局
北京市教育局
1995年3月31日

北京市科协青少年工作部、北京青少年科技教育协会关于举办北京市（95）青少年科技夏令营的通知

（1995年5月）

各区县科协、青少年科技教育协会会员单位和各中、小学：

在贯彻落实党中央11号文件，全社会进一步重视青少年科普教育的形式〔势〕下，今年暑假北京市科协和北京青少年科技教育协会将继续举办以向青少年传播科技知识、科学方法和科学思想为内容，以“科技传播行动”为主题的北京市（95）青少年科技夏令营活动，将使中、小学生通过广泛接触大自然，受到爱国主义、集体主义和科技知识的教育，在活动中强健体魄、磨炼意志、培养能力、陶冶情操，使他们在德、智、体、美、劳诸方面得到全面发展。现将具体事项通知如下：

一、夏令营地点、活动内容及收费标准：

为使更多的青少年有机会参加夏令营活动，今年夏令营共安排延庆和妙峰山两处营地，时间自7月6日至8月中旬，夏令营期间将安排具有丰富内容的科技教育和考察活动，由协会有关专家担任指导教师。

1. 延庆营地

住在延庆县城，安排五天活动（住四夜）。

第一天：离京出发，到达营地，安排住宿，举行开营式。

第二天：考察松山国家自然保护区，采集生物和岩石标本。

松山自然保护区是海坨山的一部分，海拔平均在600米以上，1985年经国务院批准为国家级自然保护区，区内植被茂密，有大片天然原始次生林，处处清泉流水，奇峰怪石，动植物资源丰富。有种子植物600余种，昆虫900多种，是进行野外科学考察的理想场所。

第三天：参观古崖居遗址。

古崖居遗址位于县城西北26公里，在陡峭的山崖间布满了人工凿刻的石崖，总计一百多间，形状各异，关于此地石屋，至今尚未确认是何朝代所建，它的主人是谁仍是未解之谜。

在此，将举行篝火晚会，进行野炊，让营员们体验自己动手，独立生活的乐趣。

第四天：游览龙庆峡自然风光（或游览八达岭长城）。

龙庆峡为天然峡谷，古称“古城九曲”，位于县城东北十公里的古城水库处。被评为新北京十六景之一。水面海拔570米，长约7公里，乘游船饱览其秀丽幽静的自然风光，同时可以观赏到奇特的岩溶景观。

八达岭长城是明代长城最杰出的代表地段，1961年被国务院公布为全国重点文物保护单位。八达岭中心游览区为瓮城，全长三千七百四十一米，共有敌楼十九座，气势磅礴，雄伟壮观，晴朗之日，遥望东南，可见高楼林立的北京城，在游览途中，可参观风能发电站、詹天佑纪念馆。

（龙庆峡、八达岭两处可任选一线。）

第五天：总结。评选优秀营员和夏令营组织工作先进学校，举行闭营式，返回学校。

夏令营活动以生物、地学、天文、环保学科的科技考察、参观为主，组织学生进行采集、制作标本、天文观测、文艺联欢等活动。

延庆夏令营每期五天，每期约200人，收费标准：包括住宿、用餐、门票、往返交通和每天活动交通费、讲课辅导费、保险费、资料费和营帽等，每名学生交费195元。

2. 妙峰山地区鹫峰营地

营地设在北京林业大学妙峰山林场，地处鹫峰脚下，属国家级森林公园，有丰富的动植物资源，现已确定为北京青少年科普教育基地。

夏令营安排四天活动（住三夜）。

四天中，将组织学生到金山北大生物系实习站和林业大学木本植物园采集动、植物标本；考察鹫峰的地质地貌，识别岩石；参观中国第一个地震台、动植物标本室、妙峰山地区气象观测站、黑光灯诱蛾；学习制作植物腊叶标本、塑封标本、昆虫展翅标本；指导学生观测太阳黑子、夏夜星空观测、科学论文指导讲座、自然风光摄影。在夏令营中举办联欢晚会、电影晚会，评选优秀营员和夏令营组织工作先进学校。

妙峰山营每期约150人。收费标准：包括住宿、用餐、往返车费、营帽、讲课费、电影费、保险费、资料费，每名学生交费

98元。7月6日第一期开营，每期早8：30从学校发车，第四天中午12：30返回学校。

二、组织管理办法：

1. 参加条件

身体健康的中小学生，经家长和学校同意方可参加，优先安排会员学校。

2. 参加人数

每校最少45人，45名学生为一小队由两名教师负责，免收两名教师费用，学生人数够一期的学校再免收一名带队教师的费用。会员学校每期多免收一名领队的费用。

由学校组织报名，带队教师要负责本校学生的日常管理工作。

三、报名日期和办法：

自6月8日至7月10日为学校报名交费时间。（星期六、日休息，交费前先用电话联系）

报名地点：〈略〉

地址：〈略〉

电话：〈略〉

邮编：〈略〉

联系人：〈略〉

报名工作包括：

1. 交营员名单；2. 交营员活动费；3. 与科协商定夏令营时间、地点；4. 发乘车证、营员须知。

各期名额按先后顺序报满为止，个别营员因事未能参加夏令营活动，只退活动费50%。

北京市科协青少年工作部（印）

北京青少年科学教育协会（印）

1995 年 5 月

市科协、市教育局关于举办 1995 年北京市青少年科学论文证集评比的通知

（1995 年 10 月）

各区县科协、教育局：

北京市教育局、北京市科协等单位关于联合举办 1995 年北京市中、小学生爱科学月活动的通知中，将举办中、小学生科学论文征集评比，作为今年爱科学月中一项重要活动，现将有关事项通知如下：

一、申报资格

凡现就读于中、小学（报〔包〕括中等师范学校、中等专业学校、职业中学、技工学校）的青少年，在参加科技活动和社会实践活动的基础上撰写科学论文者，均可参加论文申报。在此基础上，市级将推荐优秀论文，参加全国评选。

二、论文要求

参加北京市评选的论文，指的是于 94 、95 两年内完成的源于科技活动和社会实践活动的调查报告、实践报告、观察报告、发现报告、研究报告等科学成果论文（不含有关计算机软件研究的论文）。其中，以自然科学范畴的论文为主，亦可有一定数量的社会科学（包括经济、法律、教育三类）范畴的论文。

论文字数一般不超过 3000 字。

三、评选标准

1.“三自”：

自己选题：论文选题必须是作者本人在青少年科学探索活动中发现的；

自己研究：支持主要论点的论据必须是作者通过观察、考察、实验等研究手段亲自获得的；

自己撰写：论文必须是作者本人撰写的。

2.“三性”：

科学性：对自然科学类学术论文，其科学性包括选题与结论科学意义的合理程度；研究方法的正确程度；科学理论的可靠程度；文理通顺与书写规范的程度。对社科类学术论文，其科学性包括理论基础与立论的可靠程度、研究方法的正确程度、逻辑严密与结论合理的程度、文理通顺与书写规范的程度。

先进性：包括创新程度、先进程度、科学水平与难易程度。

创新程度指论文的选题、立论要有新意、有创见、有实际意义。同样的论文没有参加过往届青少年科学论文会或青少年“生物百项”评选活动。

实用性：包括实用价值或应用前景、影响范围。

四、论文申报

1. 论文申报人应首先参加本区、县的论文评比。

2. 在区、县评比的基础上，按照分配名额，择优向北京市申报。各区县申报的论文中，小学生的论文不得少于三分之一。此外，属于自然科学范畴的论文不得少于申报总数的三分之二。

市级评比不接受学校或个人直接申报的论文。

3. 参加市级评比的论文可以分为个人论文和集体论文两类申报。凡申报个人论文的，每篇论文作者不得超过三人，且要区分出一名对该论文贡献超过 60% 的作者为第一作者，另外的作者则为合作者。凡作者超过三人的论文，或虽不超过三人，但无法区分第一作者的论文，均以集体项目申报。集体项目除填写集体名称外，还要填写其中一名作者为集体论文代表。

4. 申报文件：

（1）申报书，一式四份（填写要求见申报书内说明）。

（2）申报书内申报作品情况部分所需附件，一式四份。

所需附件包括论文全文、参考书目单、实验（或调查）数据及其他必要的图表资料、证明材料等。

论文用 16 开稿纸抄写。第一行空四格写论文题目；第二行写明论文作者姓名及所在区（县）、学校；第三行空两格开始写正文。

5. 报送时间和份额：

参加市级评比的论文，各区县要在进行评选的基础上将能代表本区县水平的科学论文上报。城区推荐数额为 15 篇、远郊区县推荐 8 篇，于 11 月 15 日前报送北京市科协青少年工作部。凡参赛的论文要写清论文名称、作者姓名、学校、年级，并详细填写论文登记表（表格附后）。

联系人：〈略〉

电话：〈略〉

地址：〈略〉

邮编：〈略〉

北京市科协（印）

北京市教育局（印）

1995 年 10 月

市教育局、市科协关于在北京市中等师范学校实施“园丁科技教育行动”1995–1997年度行动计划

（1995年11月10日）

为落实“科教兴国”战略，根据国家教委、中国科协《关于在中等师范学校实施“园丁科技教育行动”的通知》的精神，通过实施“园丁科技教育行动”，在1997年底以前建立并逐步完善北京市社会、中师、小学密切联系的科技教育网络；在中师内部形成必修课、选修课、课外活动和社会实践有机结合的科技教育体制；增强学生的科技意识、培养他们的科学思维，提高他们的科技制作能力、发明创造能力和进行科技启蒙教育的能力。为此，特制定本行动计划。

一、为协调有关部门共同有效实施“园丁科技教育行动”，成立北京市实施中等师范学校“园丁科技教育行动”领导小组，办公室设在北京第一师范学校。

二、召开北京市实施“园丁科技教育行动”动员大会，认真组织各级教育行政部门，科协干部和中等师范学校的领导、师生学习《中共中央国务院关于加速科技进步的决定》《中共中央国务院关于加强科学技术普及工作的若干意见》和《国家教委、中国科协关于在中等师范学校实施“园丁科技教育行动”的通知》，统一思想，提高对实施“园丁科技教育行动”目的和意义的认识，积极实施“园丁科技教育行动”。

三、以市政府名义聘请20—30名科学家和科技工作者担任北京市“园丁科技教育行动”顾问。

各区县教育行政部门和科协要协助各区县师范学校同有关单位建立横向联系，建立开展科技教育活动的网络。

四、各中等师范学校要有一名校级领导分管“园丁科技教育行动”，每学期要召开专门校务会议研究“园丁科技教育行动”，并纳入学校年度工作计划，要在组织、内容和经费方面采取有效措施将实施“园丁科技教育行动”工作落到实处。

五、学校要对教师进行有关科技教育方面的培训，提高进行科技教育的能力，发挥他们在实施“园丁科技教育行动”中的骨干作用。市领导小组有计划地组织好各校科技辅导员的业务培训、经验交流和理论研讨等项工作，为提高科技辅导员的水平服务。

六、各中等师范学校要将科技教育纳入教学计划，使之与必修课、选修课、课外活动和社会实践有机结合的研究、制定必修课的科技教育大纲，选修课的教学大纲和科技类课外小组的活动计划。

七、研究小学开展科技辅导的要求，到1997年中等师范学校要培养一批能胜任小学科技辅导员工作的毕业生，到本世纪末能担任科技辅导员工作的毕业生要达到25%左右。

八、拟于1996年5月和1997年5月召开实施“园丁科技教育行动”工作年会，进行经验交流和理论研讨，从理论和实践的结合的高度，探索实施“园丁科技教育行动”的途径、形式和内容。

九、市、区（县）教育行政部门，要把中等师范学校实施

"园丁科技教育行动"工作和小学的科普工作列入督导和视导内容，作为评价学校工作的指标之一。

十、市教育局、市科协和北京青少年科学基金会将在不同时期举办全市性的科普活动，如青少年爱科学月、科技周、爱鸟周、科技夏令营和有关科技竞赛等活动，各中等师范学校要积极参加这些活动。

十一、建立实施"园丁科技教育行动"示范校。

十二、表彰"园丁科技教育行动"先进学校、优秀顾问、优秀科技辅导员和社会热心单位。

十三、拟于1996年5月和1997年5月举办北京中师"园丁科技教育行动"展，展示内容包括科技制作作品、科技发明作品和科学论文成果（包括生物百项活动）。

十四、多渠道筹集资金支持实施"园丁科技教育行动"。

十五、充分利用广播、电视、报刊等新闻媒介，加强科技教育活动的宣传和科技知识的传播。

十六、争取社会科技场馆以最优惠条件向中师师生开放。

科创之城——中关村

宋鑫娜

中关村，因科学而兴起，在漫长的历史演进中，从自然环境到人文，有着丰厚的历史积淀。新中国成立后，中关村被赋予新的使命，逐步成为我国科技创新和改革发展的代表性区域，一批又一批创业者在中关村留下了独特的生命印记。中关村像一座巨大的“孵化器”，培养出一批批科技人才，激发出一个个科学思想，创造出一个个科技奇迹，孕育出敢为天下先、百折不挠的中关村精神。本文意在沿着时间的足印，翻阅档案，回顾历史轨迹，钩沉语源、地源、史源，寻求隐藏在时光背后的故事。

一、地名的由来

地名往往体现一个地区历史、地理的文化本源，中关村名称的由来也不例外。

通过查阅相关史料，笔者发现关于中关村名字的由来说法不一，有“中官”“中关”“中湾”“中官坟”“中关屯”等，不一而足。这些名称经当地居民口头流传，字不同，意义也不同。从20世纪80年代初开始，关于中关村地名由来的争论很多，一些专家和学者站在不同的角度，采用不同的史料，或举证、或论证、或查证，阐述了各自不同的观点和看法：一说，从明代起一些太监们看中了这里的风水，陆续购买“义地”，作为自己身后的居所。到清代时，中关村附近形成太监墓葬群。当时的人们称

太监为“中官”，故有“中官儿”地名。二说，清朝时期的兵营蓝旗营在海淀地区设立东、西、南、北、中五关，其中，中关为中枢所在地，控制通向其他四个关隘的交通要冲，后来中关的军事作用消退，逐渐形成了自然村落，于是有了“中关屯”的称谓。三说，中关村现在所处的位置是永定河故道，由于处于旱河中段的位置，被当地居民称为“中湾”。

按图索骥，笔者目前所见的最早标注“中关”的地图是民国二年（1913 年）的《北京陆军测量局实测地形图》，而在另一幅民国初年的《西郊图》中，中关村的位置标为“中湾”；民国四年（1915 年）《实测京师四郊地图》也将中关村标为“中湾”。

1928 年，北伐战争后，国都南迁，北京改为北平特别市，后改称北平，成为河北省辖市。这一期间，由河北省政府建设厅测量处绘制的《北平特别城郊地图》（1930 年）和《北平特别市图》（1934 年），均把中关村标注为“中关”。中关后面加上“村”字是在北平解放以后，1950 年北京市人民建设局印制的《北京市郊区地形图上》第一次明确标示出“中关村”的地名。然而到 1951 年，北京市人民政府建筑事物管理局测量的千分之一地形图，又将中关村标注成了“中官村”，此后的《北京市西郊土地利用图》也沿用了此名称的标注。后来，“中关村”名称再次出现在北京大学 1952 年的《北大住宅总图》和 1954 年的《北京大学义地占地面积图》中。几经变更，“中关村”作为正式名称尚未确定下来。

结合地图和地名由来的各种说法，无论在民国时期还是新中国建立初期，地名主要围绕“中关”“中官”“中湾”存在差异，这可能与当时的信息来源或测绘机构掌握资料的局限性而有所不同。

“中关村”作为正式名称的确立是在中国科学院建成后。据海淀区政协相关文字资料记载：1953年10月，隶属中科院地理研究所的《中华地理志》编辑部由南京迁至科学院办公。因为编辑部地址的变化，要加紧印制一批信封和信笺，办事的工作人员没有留意物理所南墙用石灰写的“中官屯”三个字，根据口头传递的谐音，写成了“中关村”。后来，大家认为“中关村”无论从书写的美观度，还是读音方面都要比“中官屯”雅致一些。于是“中关村”名称就这样阴差阳错的确定下来。虽然这个名称诞生于中科院的偶然事件，但也在冥冥之中，预示了“中关村”这个名称从确立之初就植入了科学技术的基因。

作为地名，中关村有“老”和“新”两个不同的含义。老中关村是分散居住着十几户到二十几户人家的自然村落，它代表着中关村名称的源起和由来；新中关村是高新技术聚集的科创中心，昭示着未来无限的发展的可能。

二、从“村”到“城”——中关村科学城

新中国成立之初，海淀区被确定为北京的文教发展区。1950年5月，北京市城市规划与建设方案同意西北郊为文教区，开始大规模建设科研机构和高等学校。

在此之前，中关村是保福寺村属下的小的自然村落，方圆几百米。50年代初期，中关村区域范围随着中科院建设的拓展逐渐增大。1959年中关村派出所成立、1961年中关村街道办事处成立，“中关村”正式纳入行政建制。

（一）中国科学院和高校的建立

1949年3月，中共中央进驻北平，开始酝酿成立中国科学院。6月，中央决定由陆定一负责筹备建立中国科学院。10月，中央人民政府委员会任命郭沫若为第一任中科院院长。1949年

11月1日，中科院正式办公。初创时期的中科院因院所分散以及办公场地的局限，一段时期内，办公地点频繁地迁移变更，建设一个专业化规模化的科研院所迫在眉睫。

1951年初，时任中国科学院副院长的竺可桢向中央汇报工作时，提出在农业研究所与燕京大学之间建设中科院近代物理大楼的基建规划，得到中央批准。1951年2月，中央人民政府政务院批准将黄庄附近以北、成府路以南4500亩划为科学院用地。1952年2月，科学院成立建筑委员会，中关村科学城的大规模建设拉开序幕。

科学城建成的第一栋大楼是中国科学院近代物理研究所，又称“原子能楼”。原子能楼的主要任务是研制原子弹，这里聚集了一大批像王淦昌、赵九章、郭永怀、邓稼先、钱学森、钱三强、黄祖洽等核物理领域研究的科学精英。1953年10月，随着中科院一批科研机构部分基建工程竣工，中科院地理所、物理所等的陆续迁入，中关村科学城雏形基本形成。

1952年，高等院校调整方案实施。北京航空学院、北京钢铁学院、北京医学院、北京石油学院、北京矿业学院、北京地质学院、北京林学院和北京农业机械化学院，也就是通常所称的“八大学院”在海淀区学院路地区陆续建成。这些专业院校，与北京大学、清华大学和人民大学等高校共同构成“中关村大学群”，为中关村日后发展提供了智力支持。

1956年，中共中央发出“向科学进军”的号召。科学城以实际行动，响应时代最强音。老一辈科技工作者以中关村为起点，艰苦创业、爱国奉献、攻坚克难、开拓创新，取得巨大科技成就：1964年，我国第一颗原子弹爆炸成功；1967年我国第一颗氢弹爆炸成功；1970年，中国第一颗人造卫星发射成功。

（二）科学的春天

粉碎“四人帮”后，为充分调动知识分子的积极性、创造性，以便实现党在新时期社会主义建设的总任务，党中央在1977年5月底做出了召开全国科技大会的决定。中共北京市委积极响应，于6月中旬成立了“北京市迎接全国科学大会准备工作办公室”，负责组织、统筹和部署全市科技工作。

1977年6月17日，北京市委在首都体育馆召开了关于科技工作的大会。因为参加会议的广大干部和科研单位代表达到了18000人，又称“一万八千人大会”。该会议振奋了精神、鼓舞了士气，向全市各行各业的党员领导干部和科技工作者们发出“向科学技术现代化进军”的动员令。

1978年3月18日，全国科技大会在北京召开。时任中共中央副主席、国务院副总理的邓小平发表重要讲话，指出：四个现代化的关键是科学技术的现代化。1978年12月，党的十一届三中全会召开，做出把工作重心转移到经济建设上来的重大决策。一场科学领域的变革正在中关村酝酿发生。

（三）中关村电子一条街

在改革开放和科学技术作为国家发展战略被重新定位和重视的背景下，中科院物理研究所研究员陈春先，成为第一个跳出体制思维，进行科技成果向市场转化探索的第一人。

1980年10月，在北京市科协支持下，陈春先与6名科技人员一起，成立了北京等离子体学会先进技术发展服务部。这个服务部成为当时北京乃至全国第一个民营科技公司。1981年12月，陈春先给北京市科协提交了一份关于成立“海淀科学教育劳动服务中心”的请示报告。在距“等离子体学会先进技术发展服务部”成立不到一年的时间里，结合服务部的探索实践，陈春先意识到知识青年职业教育的重要性，他认为95%的大学之外的青年的教育直接关系到我们国家和民族的命运，社会化合作的职业教育应该进行扩大和推广。他提出成立一个由社会各方面知名人士与实干派，以及各方代表参加的理事会，由此扩大社会影响面，推进职业教育与市场经济的接轨。

在陈春先的推动下，到1982年，“先进技术发展服务部”先后与有关单位签订合同27个，与海淀区4个集体所有制企业建立技术协作，帮助开发和移植新产品，创立新技术实验厂，组织了多期技术培训班，为社会化职业教育与市场经济接轨进行了积极的努力和实践。

在越来越多科技成果走出科研院所，进行市场转化的同时，一些科学院的老同志对“科研人员经商办企业”提出了质疑，并将有关情况反映到了中央。1983年1月，中央对此情况作出批示：“陈春先同志带头开创新局面，可能走出了一条新路子。一方面较快地把科研成果转化为生产力，另一方面多了一条渠道，使科技人员为四化做贡献。”

在中央领导的支持下，1984年前后，中关村一批又一批的科技人员走出科研院所和高校，“下海”经商，他们放弃国家事业编制，不用国家财政拨款，以“自筹资金、自愿组合、自主经营、自负盈亏”的全新运行机制，创建了一个又一个民营科技企业。这其中的代表企业“两通两海”(即四通公司、信通公司、科海公司、京海公司)，以及联想公司就是通过创办民营企业的方式，探索出一种将科技成果转化为生产力的途径。到1987年，以“两通两海”为代表的近百家科技企业聚集在海淀黄庄沿白颐路（今中关村大街）向北至成府路西口和中关村路海淀路一带呈英文字母“F”型地区，被人们称为“电子一条街”。

1986年，党中央在全国范围内开展打击经济犯罪的行动。由于政策界限不清，很多地方把技术劳动的合法收入误认为是经济犯罪，发展势头正劲的中关村不可避免地卷入了这场风波。人们对中关村一条街提出了种种非议和质疑。1987年，中央联合调查组进驻中关村，一个月后拿出了一份《中关村一条街》调查报告，根据调查结果，肯定了电子一条街“是一支不可忽视的科技力量”。1988年3月12日，《人民日报》第一版全文刊登《中关村一条街的调查报告》，在这份报告中提出以“中关村一条街”为基础设立高新技术开发区的设想。《中关村一条街的调查报告》直接促成了我国第一家科技园区——北京市新技术产业开发试验区的成立，也决定了中关村科技体制改革“先行先试”的未来发展之路。

三、从“电子街”到“科技园区”——转型升级

“中关村一条街”的形成与发展，使政府高层决策者的视野从关注科技成果的市场转化，上升扩展到发挥中关村这个“高智力密集区”的整体作用上来。

（一）北京市新技术产业开发试验区

1988年5月，国务院决定在原“中关村电子一条街”建立“北京新技术产业开发试验区”，并划定以海淀区中关村为中心100平方公里范围为新技术产业开发试验区，并赋予若干项优惠政策。“中关村电子一条街”进入一个新的发展阶段。

北京市高度重视试验区的建设，市政府专门成立试验区协调委员会，指定一名副市长任主任。1988年6月，市政府发布《北京市新技术产业开发试验区暂行条例实施办法》，明确“北京市新技术产业开发试验区办公室是海淀区人民政府的派出机构”。

试验区办公室成立后，在广泛征求意见的基础上，制定了

《北京市新技术产业开发试验区1989-2000年发展规划纲要》。依据计划，1988年9月，试验区接收了原海淀区政府领导的“电子一条街”10大公司，并认定了118家新技术企业。在与高校和科研院所推进科研成果转化为生产力的工作过程中，仅中科院就在试验区成立了154家新技术企业，3300名科技人员进入新技术企业工作。

（二）中关村科技园区

90年代中期，中共中央确立“科教兴国”和“可持续发展”战略。1999年5月，在新技术产业开发试验区快速发展的基础上，北京市政府与科技部向国务院递交了《北京市关于实施科教兴国战略加快建设中关村科技园区的请示》，提出用10年左右的时间，把中关村科技园区建设成世界一流的科技园区。6月，国务院对此作出《批复》：加快中关村科技园区建设，通过科技成果和创新知识的产业化，把丰富的智力资源转化为强大的生产力。北京市要加强领导，统筹规划，精心组织，促进中关村科技园区的发展。

中关村科技园区的空间布局是一区五园，即海淀园、丰台园、昌平园、电子城科技园和亦庄科技园。其中，海淀园是科技园区的主体和科技创新中心。为贯彻落实《批复》精神，市委市政府成立了建设中关村科技园区领导小组，明确了中关村作为首都经济发展龙头的重要定位。

实际上，从1988年和1999年国务院关于中关村两个发展规划的批示开始，中关村地理范畴已经不仅局限于海淀镇东部由中关村自然村逐步拓展成的中关村，而是包括更大范围的海淀区和北京市有关各区县的科技发展园区。

高新技术企业是中关村科技园区建设的主体。作为技术创新的先导，园区企业开发出一批拥有自主知识产权的国内顶尖、世界先进的重大技术创新项目，如“方舟一号”“方舟二号”CPU芯片、“星光一号”超大规模专用芯片、博奥生物芯片等。用友软件、金山软件、瑞星杀毒、江民软件、清华紫光、清华同方、爱国者、汉王科技等企业以高新技术产业为主导，以科技成果产品化、产业化为经营宗旨，形成了具有自主知识产权的高新技术产品系列，为中关村的快速发展注入新生动力。

中关村管委会着眼于改善政府的管理职能和服务职能，从创造良好的创新环境、开放环境、法制环境、融资环境、人才引进环境、继续教育环境、产业发展空间环境、政府管理服务环境等八个方面的工作，努力创造适宜高新技术企业发展的良好环境。2002年，中关村管委会向市政府提交了《数字中关村（2002-2005）规划纲要》，纲要中明确了中关村的战略定位和建设目标。在园区管理创新实践中，中关村管委会率先实施电子政务工程，建立园区“一站式”办公服务中心，积极尝试“小政府、大社会，小机构、大服务”管理体制，助力建设具有国际一流水平的科技园区，构建首都知识经济发展的战略新高地。

（三）中关村国家自主创新示范区

2009年，中关村步入国家自主创新示范区时期，尤其是党的十八大明确提出实施创新驱动发展战略以来，中关村的地位和使命也再次发生了深刻变化。中关村国家自主创新示范区的空间布局包括：海淀园、丰台园、昌平园、电子城、亦庄园、德胜园、雍和园、石景山园、通州园、大兴生物医药基地，其中，海淀园是中关村国家自主创新示范区核心区。

2014年2月26日，习近平总书记视察北京，明确首都“四个中心”城市战略定位，全国科技创新中心成为北京的最新定

位。为落实习近平总书记视察北京重要讲话精神，2016年9月，国务院印发《北京加强全国科技创新中心建设总体方案》。2017年3月，北京推进全国科技创新中心建设办公室印发《北京加强全国科技创新中心建设重点任务实施方案（2017-2020年）》，提出以“三城一区”为主平台加快推进具有全球影响力的全国科技创新中心建设。

如今的中关村已经超越了原中关村的地域范围，是一个跨行政区划的政策区域，并成为一个高科技品牌概念。一年一度的中关村论坛经过多年发展，已成为全球科技创新交流合作的重要平台。

2020年9月，中关村国家自主创新示范区领导小组正式印发了《中关村国家自主创新示范区统筹发展规划（2020年—2035年）》。《规划》明确中关村示范区战略定位，将中关村示范区置于全球坐标，以国际视野提出中关村示范区的战略定位，发挥中关村示范区作为北京全国科技创新中心建设主阵地的作用，提出到2025年建成世界一流的科技园区和创新高地；到2030年，建成世界领先的科技园区和创新高地；到2035年，建成全球科技创新的主要引擎和关键枢纽。

正如习总书记指出的那样：“创新是社会进步的灵魂，创业是推动经济社会发展、改善民生的重要途径。”今天的中关村在吸引更多创业者的同时，创新方式也在与时俱进，创业服务也在日趋完善。明天的中关村将以“三城一区”为重点，加快建设具有全球影响力的全国科技创新中心，为实现中华民族科技梦强国梦，贡献新生代的科创力量！

2022年6月终稿

（宋鑫娜　北京市档案馆　北京　100022）

服务北京尽初心　创新为国守使命

——北京工业大学科技创新工作纪实

上世纪50年代，北京工业进入迅速发展时期，时任北京市委书记、市长彭真同志提出，不仅要把首都建设成为全国的政治和文化中心，还要建设成“高、精、尖”的工业生产基地。北京市委、市政府决心创办一所世界一流、万人规模的工业大学，为北京市的建设发展提供智力支撑和人才保障。1959年，这所承载着首都北京深深寄托的高等学府——北京工业大学（以下简称“北工大”）获批建设，1960年学校正式开学。

北工大建校伊始就胸怀“全心全意为人民服务，为社会主义建设服务、为首都建设服务”的办学之志，把“将现代科学技术成就用于首都的工业建设”视为己任。如今，北工大坚持“立足北京，服务北京，辐射全国，面向世界”的办学定位，不断开拓创新，为首都和祖国发展建设贡献智慧和力量。

“坚持面向世界科技前沿、面向经济主战场、面向国家重大需求、面向人民生命健康，不断向科学技术广度和深度进军”，习近平总书记于2020年9月11日主持召开科学家座谈会，以“四个面向”指明科技创新的方向。北京工业大学的科学家和科技工作者肩负历史责任，以“四个面向”引领科研工作。“国之所需，吾志所向”，是北工大人深印于心的信念。

“不忘初心、牢记使命”，北工大经过一个甲子的钻研与奋斗，科技创新已经成为学校发展、特别是内涵式发展最强劲的动力。

科技成果不仅有力地支撑了学校整体跨越式发展，更为首都经济建设和祖国社会发展做出了卓越贡献。

面向国家重大需求　科技助力社会发展

北京工业大学自1960年建校以来，秉持自力更生、艰苦创业的优良作风，即使在动荡的年代依然克服各种困难坚持开展教学科研。学校完成了液化石油气射流控制灌装装置，为北京市推广应用液化石油气起到了非常重要的作用；为毛主席纪念堂工程提供了先进的土建技术；为毛主席水晶棺镀膜提供了技术支持……因此，在1978年举行的全国科学大会上，北工大一举获得包括以上项目在内的22项重要科技成果表彰。

20世纪80年代，北工大开发研制的国产化单板机在国内更是闻名遐迩。单板机的市场需求很大，学校成立了第一个高科技企业——北京工业大学电子厂，1981年，生产了第一批TP801单板计算机，受到广泛欢迎，产生了良好的经济效益和社会效益，产品不仅在国内畅销，还出口东南亚国家，对推动我国产业发展和出口创汇做出了重要贡献。

进入新世纪以来，学校科研水平大幅提高，科研实力明显增强，涌现出一批具有标志性的科研成果。这其中既有我校教师独立完成，并获得国家技术发明奖二等奖的“镧钼等热阴极材料及制备技术”“多元复合稀土钨电极及其制备技术”；也有与其他科研单位共同合作完成，并获得国家科技进步奖一等奖的“铝资源高效利用与高性能铝材制备的理论与技术”；既有解决生产实际问题，产生巨大经济效益的“高浓度有机废水生物处理技术研发与示范工程”，又有处于基础研究前沿，并入选教育部十大科技进展的理论研究成果“首次发现共价键晶体及非晶结构一维纳米材料的大应变塑性形变”等重大成果。其中，“高坝抗震分析时域显式整体分析法与场址地震动输入确定及工程应用”“SBR法污水处理工艺与设备及实时控制技术”“新型组合剪力墙及筒体结构抗震理论与技术”等越来越多独立完成的科研项目获得国家科学技术进步奖。2021年，我校韩晓东教授作为第一完成人的项目《面心立方材料弹塑性力学行为及原子层次机理研究》荣获国家自然科学二等奖，这是北工大作为牵头单位首次获得的国家自然科学奖项。环境与生命学部彭永臻院士作为第二完成人的项目《污水深度生物脱氮技术及应用》荣获2020年度国家技术发明二等奖和2021年度“何梁何利基金科学与技术进步奖”，也是北工大学者首次获得何梁何利奖。

建校60年来，学校主持的科研项目，无论在数量上还是层次上都不断提升。学校先后作为独立承担单位或第一承担单位主持国家“973”计划、国家自然科学基金重点项目、国家重大科技专项、国家社科基金重大项目和北京市自然科学基金重大项目、北京市社会科学基金重大项目等一批高水平的科研项目。高质量的学术论文层出不穷，影响力扩大。在高影响因子论文方面，论文数量和质量显著增强，2018—2022的4年间，以北工大为第一完成单位或通讯单位发表Nature、Science、Cell子刊及其他高影响论文（影响因子大于20）的教师34人，特别是2022年3月18日，北京工业大学首次以第一完成单位在《Science》上发表文章——《Tracking the sliding of grain boundaries at the atomic scale》（《原子尺度追踪晶界滑动》），标志着学校在晶界滑动塑性的原子机制方面取得了重要研究成果。

学校在基础理论、技术创新、推广应用、成果转化等方面取得系统性突破，形成全方位重要进展。从原子层次率先阐明了面

心立方材料弹塑性力学行为，为材料原子层次的结构表征奠定了重要基础；发展了稀土—难熔金属基复合材料新技术，首创系列稀土—难熔金属电子发射材料，为我国电真空领域高性能阴极提供重要支撑；首创SBR法污水处理、低C/N连续流脱氮除磷、污水处理过程控制等技术，搭建区域大气复合污染防治平台，为首都碧水蓝天贡献力量；建立京津冀及周边区域大气环境数值综合优化调控平台，为北京奥运会、APEC会议、“九三阅兵”空气质量保障方案制定，北京及周边地区3次重污染红色预警实施效果评估及对策防治提供支撑；创新了重大基础设施抗震减震结构技术体系、预应力整体张拉结构关键技术，直接服务于北京大兴国际机场、中国尊、新首钢大桥等重大工程建设；面向生产流程的材料环评定量评价技术的开发，实现了我国工业流程设计的跨越式发展；铝合金大型薄壁壳体焊接成套技术作为国内唯一能够独立提供自主知识产权的穿孔等离子立焊装备及工艺，为“天宫一号”等国家重大工程项目关键构件焊接制造的顺利实施，提供了坚实的保障。

“十三五”以来，学校更加注重发挥集群优势，领衔聚焦国家战略需求。以材料创新、装备革命支撑制造业升级，突破铝合金微合金化和超大舱壁立焊稳定、RV减速器齿廓和激光器微通道制造技术，解决航天、船舰、运载等领域“卡脖子”难题。聚焦人工智能信息技术，开拓智能特征建模、自组织控制、多目标动态优化方法，实现复杂系统优化运行控制，解决城市污水处理优化运行、工业互联网安全等难题，服务奥运重大工程。面向现代都市智慧低碳高质量发展，创新基础设施防灾减灾、低碳建筑、智能交通等理论和技术，支撑新一代城市基础设施与重大工程规划、建造、服役、运维与消纳。为攻克城市污水处理和大气污染控制技术瓶颈，解决了“部分厌氧氨氧化”及大气污染解析难题，实现城市污水深度处理与资源化利用，助力区域空气质量显著改善。人文社会科学主动服务国家和首都“重大危急”决策需求，连续荣获教育部人文社科奖，主持北京市社科重大专项，智库研究获国家主管部门领导批示。艺术设计贡献建国 70 周年、建党 100 周年、冬奥会等国家重大活动。

“十三五”以来，学校不断优化科研生态，引领科技创新前沿。“基地 +”科研生态逐步形成。学校现有国家工程实验室 2 个，“111 计划”引智基地 3 个，国家级产学研中心 1 个，国际合作研究中心 1 个，省部共建国家级重点实验室培育基地 1 个，教育部工程研究中心 3 个，教育部重点实验室 5 个，北京市级科研基地 45 个，行业重点实验室 4 个，省部共建协同创新中心 2 个，北京市级协同创新中心 3 个，北京高校高精尖创新中心 1 个。同时，在全国高校率先成立了“碳中和城市科技创新研究院”，引领学校整体科技创新服务新时代需求。我校院士、学部委员出任科技部《碳中和技术发展路线图》编制专家组组长、国家碳达峰碳中和标准化总体组副组长、国家气候变化专家委员会副主任等。

60 多年的积淀与拼搏，成就了北工大科技繁荣的雄起之势。

适应首都发展需要　科技服务地方发展

从基础研究到产业化应用、从服务北京到国家工程、从科技奥运到人文社科，随着北京工业大学科研规模的扩大和科研水平的提升，北京工业大学的科技创新能力已经在科学研究的全过程和首都经济建设与社会发展的方方面面得到充分的体现。科技创新之花绽放于京城各个角落。

融入北京是学校科技创新的重头戏，这既是北京市的需要，也是学校自身发展的需要。作为北京市属高校，北京工业大学自诞生之日起，一直遵循求真务实的作风，“踮起脚、够得着”。八达岭长城全周影院、公路石方爆破、35 周年国庆焰火、一二•九纪念亭设计等项目中都渗透着北工大人的科研智慧和服务北京的奉献精神。学校与印刷行业的龙头企业共同承担北京市重大科研项目“数字化印刷技术及装备”，提高了北京市印刷装备全行业科技水平，开创了我国数字化印刷的先河。与北京市酒仙桥污水处理厂、方庄污水处理厂等单位展开合作，为彻底解决水体富营养化作出了重要贡献。应对疫情，研究开发高浓度氢氧呼吸机、3D 打印智能型一体化防护面罩等高科技成果助力抗疫。

在科技工作中，学校始终坚持紧密围绕北京市重点发展的高新技术产业及其相关行业，大力开展应用型、工程型的科学研究与技术开发，把为首都经济建设和社会发展服务作为学校科技工作的中心任务和首要目标。2021 年度，学校纵向科研经费中，承担北京市有关部门课题的到校经费约占 23%；而在横向科研经费中，来自北京市企事业单位的研究经费比例更是超过了 61%。同时学校的科研人员也积极瞄准北京市经济建设和社会发展的科技需求，以及奥运带来的前所未有的机遇，不断挖掘自身潜力，寻找与北京市的结合点和切入点。

2008 年北京奥运会期间，为充分体现“绿色奥运、科技奥运、人文奥运”的三大理念，教师结合自己所学的专业知识，在场馆建设、交通规划、环境治理、信息服务、奥运文化等领域开展了深入的研究，为奥运会的成功举办发挥了重要作用。如建工学院工程抗震与结构诊治实验室通过对北工大体育馆新型弦支穹顶结构体系的优化设计和模型试验研究，为建造出当时世界上跨度最大的预应力弦支穹顶钢结构作出了重要贡献，另外该实验室还为国家体育场“鸟巢”解决了建造过程中大型钢桁架柱柱脚——混凝土承台组合结构的设计这一关键技术问题。学校的大气污染控制研究中心对“北京市空气质量达标战略”和“北京与周边地区大气污染物输送、转化及北京市空气质量目标”等问题进行了深入的研究，为北京市的大气污染控制与管理工作提供了重要的科学依据。交通研究中心在详细分析北京市智能交通发展基础和奥运智能交通需求的基础上，利用仿真工具对奥运会交通组织、管理、运营进行多层次、多方位的仿真测试，为奥运交通规划、交通管理和运营提供经济、直观、详细、大范围分析的辅助工具，为制定完善、周密的交通组织计划提供科学的决策依据。多媒体与智能软件实验室设计的基于 WEB 的手语播报系统为聋人更方便、快捷地获取网上信息提供了有力的技术支持。

2022 年北京冬残奥会，北工大以科技助力赛事。基于云边端协同的国家速滑馆智慧环境监控和数据汇聚共享系统，服务于国家速滑馆不同区域环境状态的实时监测和多方位、分区域空间环境状态调控，支撑国家速滑馆实现便捷优质的观众观赛体验和精细化场馆运行管理。基于视频智能分析的冰壶瞄准偏差预测和运动轨迹自动显示系统，成功部署于冬残奥会冰壶项目训练，有效弥补了冰壶训练战术分析手段的不足，为提升运动员能力，科技助力冬奥做出了贡献。

在建设社会主义新农村的伟大工程中，北工大积极参加“服务‘三农’，规划下乡”活动，完成通州、昌平、门头沟、密云、平谷等区 110 余个美丽乡村规划，为指导村庄未来的经济发展、规范村庄各类项目的建设，改善村庄的市政和公共服务设施水平发挥了积极的作用。扎根首都功能核心区，在院落公共空间提

升、智慧胡同方面开展人本研究，成立北京城市副中心研究院，承接通州区乡镇总规划编制等一系列项目，在北京城市建设深刻转型中写下匠心独具的篇章。

2018年以来，北工大积极响应教育部《高等学校乡村振兴科技创新行动计划（2018—2022年）》，从乡村科技振兴、乡村治理振兴、乡村经济振兴和乡村文化振兴等多个方面涌现出诸多生动案例：如北京市平谷区开展乡村建设试验、探索“四民机制”深化接诉即办改革，为门头沟区规划设计村庄“讲好山村故事、绘就振兴蓝图”，为通州提供现代设施农业智能装备、以先进技术融合现代农业种植工艺，为北京市级传统村落及其非遗项目开展保护监测等等，彰显我校科技创新服务乡村振兴的显著成效。

过去与未来，北工大的科技创新成果与首都经济建设和社会发展水乳交融。

建章立制搭建平台　促进成果落地转化

进入上世纪90年代后，北工大紧紧抓住1996年跻身国家“211工程”重点建设院校行列、2008年承办北京奥运会赛事、2017年进入国家一流学科建设高校行列三大机遇，实现了由单科性大学向多科性大学、教学型大学向教学研究型大学、教学研究型大学向研究型大学的三大重要转变，学校办学综合实力和国际声誉不断提升。

回顾60多年的办学历程，北京工业大学的科技工作之所以能够取得如此骄人的成绩，得益于一代又一代北工大人科学的定位和不懈的追求，得益于“日新为道”的北工大在制度建设、队伍建设、平台建设等方面所采取的扎实有效的举措。

“九五”是该校进入国家“211工程”建设的关键时期。在这段时间里，学校的科技工作紧紧围绕“立足北京、依托北京、服务北京”这一办学指导思想，将学校的科学研究与人才培养密切结合在一起，把为首都经济建设和城市发展、科技进步服务作为中心任务和首要目标。进入“十五”以后，学校通过对当前形势及自身特点的认真分析，进一步确立了“立足北京、融入北京、辐射全国、面向世界”的办学指导思想，并提出“十五”期间科技创新的工作方针。作为深入学习科学发展观的成果，学校于2009年底更加明确提出了《北京工业大学服务北京行动计划(2009—2012年)》，更加直接地面向北京市经济社会发展的重点领域和行业，加强针对性强、面向实际的人才培养、科学研究及成果转化，为发展北京现代产业，建设和谐的首善之区提供科技支撑和智力支持。

随着观念的转变，学校开始从管理体制入手，在科技管理体制、运行机制、组织方式上进行改革创新。学校尝试着在部分条件较为成熟的学院进行科技体制改革的试点工作，以期构建校、院、所三级管理体制，打造“学校建渠道、学院进行业、基层做项目”的管理模式；同时还鼓励学院在有条件的学科进行科技体制改革，逐步实现由校、院、学科部的教学型管理体制向校、院、研究所的教学研究型管理体制的转变。

在“双一流”建设的牵引下，北工大构建了“现代城市建设与环境工程学科群”，充分发挥学科的引领和保障作用，同时围绕提升学术治理能力进行了一系列探索。一是建立以质量和分类为导向的学术评价标准，注重标志性成果的质量水平、对本岗位工作提升的贡献度、解决国家关键技术领域重要问题的影响力；二是完善运行机制建设，提升学术共同体在学术评价活动中的地

位和作用；三是制定学术道德行为规范，提出全流程规范化管理架构，促进学术自律。

2016 年以来的北工大学部制改革也给学校办学注入了新活力，先后探索成立的信息学部、文法学部、城市建设学部、材料与制造学部、环境与生命学部、理学部等 6 个学部，使学校的二级教学科研结构由 34 个调整为 16 个。通过学部制改革和虚实结合的科研平台建设，学校“一流工科、优势理科、特色文管、精品艺术”的学科建设新格局初步形成。8 个学科跻身 2020 年 QS 世界大学排行榜前 500，位列 QS2020 年世界大学排名中国内地第 32，工程学、材料科学、化学、环境科学与生态学、计算机科学、生物学与生物化学 6 个学科进入 ESI 前 1%。

为积极配合学校科技体制的转变，学校修订和补充了一系列科技管理文件。在机制建设方面，确定了成果转化的“一套体系”。为强化顶层设计，在管理制度建设方面，制定了科技成果分级审批制度、科技成果转化绩效考评制度和科技成果转移转化事项领导班子集体决策制度等，先后出台了《北京工业大学科技成果转化管理办法（试行）》和《北京工业大学专利管理实施细则（试行）》等规章制度，有效防范和控制了科技成果转化风险，并进一步激励广大教师从事科技成果转化的主动性与积极性。在赋权改革方面，建立负面清单等勤勉尽责机制等，并配套出台了 21 项配套文件及《办法解读》《转化流程手册》等指南文件，强化了赋权改革的全过程管理和服务，完善了成果转化制度体系，提升了学校成果转化整体的协同性，剪断校内捆绑老师创新活力的“细绳”，形成充满活力、有序的创新内环境。

作为学校科技成果转化及产业化的重要平台，北工大早在 2018 年成立技术转移中心作为科技成果转化专门机构，并被教育部科技司和中关村管委会联合授予“高校技术转移办公室”；2020年由科发院牵头联合学校成果转化各相关职能部门共同成立了由校长任组长的成果转化（知识产权）工作小组，建立完善了统筹管理机制；2020年10月和北航、北理工一起成为北京市首批三家“北京高校科技成果转移转化促进中心”。在人才队伍建设方面，壮大学校专业化技术转移经纪人队伍，为学校的科技成果转化工作提供高质量专业服务。学校在重点学科和项目团队，设立年轻的科技成果转化专员，协同推进各研究团队的产业化。北工大近几年不断统筹规划，形成“一手牵校内，一手牵校外”的技术与产业融合转化服务体系，促进北工大师生的成果转化和创新创业的积极性，加快推动成果转化工作高效进行。

学校注重科技成果的应用和产业化推广；不但追求开花结果，还要做到成熟“落地”。截止到2021年底，北京工业大学拥有的有效授权专利量为6349件，进行软件著作权登记6027项。发明专利授权量位居全国高校前10名，授权发明专利总数、技术转让收入均居国内地方高水平大学首位。“十三五”以来，依托专业化中试和孵化平台，千万级成果转化频现。RV减速器打破国外技术封锁落地北京转化；高功率半导体激光器项目在全国率先实践“先赋权后转化”，系列激光器技术在京首创作价入股“赋权”转化；智能冰壶瞄准偏差预测系统提高运动员投壶精度，助力斩获残奥金牌；自主研发高浓度氢氧呼吸机驰援湖北新冠疫情防控。

在积极推进科研体制创新的同时，学校还大力实施“人才强校”战略。一方面，学校引进了一批知名度高、学术造诣深的领军式大师级学科带头人，他们以其渊博的知识、严谨的治学为该校的学科建设和人才培养作出了巨大的贡献。另一方面，学校还

着力加强对中青年学术骨干的培养。通过建立科研启动基金、青年基地建设以及一系列的优惠政策，使一大批年轻的学术骨干快速成长，并在学科方向、主梯队中发挥了重要作用。如今学校已经有“国家杰出青年科学基金”获得者等领军人才 29 人，“国家自然科学基金优秀青年科学基金”获得者等卓越人才 21 人，国家有突出贡献专家 18 人、享受政府特殊津贴专家 52 人，“北京市人才引进支持计划”入选者 167 人。2015 年以来，学校通过自主培养产生三位院士，他们是：污水处理专家彭永臻、难熔金属粉末冶金和铝合金领域专家聂祚仁、地震工程专家杜修力。彭永臻院士进入“全球顶尖前 10 万科学家排名”环境学科国内学者前 10 名。

建校 60 多年来，北京工业大学潜心磨砺、积极创新，科研成果硕果累累，并以此服务首都、回馈社会。年轻奋进、永不满足的北工大人不忘初心，牢记北京的深深寄托，面向国家重大需求，继续在科技创新、服务社会的道路上扬帆远航。

（张彩会　北京工业大学档案馆（校史馆）　北京　100124
夏海州　北京工业大学档案馆（校史馆）　北京　100124
李娟　北京工业大学科学技术发展院　北京　100124）

资料来源：

① 张彩会、刘玮、杨东升《北京工业大学科技创新工作巡礼》，《科学时报》2010.9.28。

② 北京学校志（高等学校卷）北京工业大学篇（1991—2020）科学研究部分。

③ 刘幸菡、张宇庆、顾昕昕《北京工业大学：努力建设一流的高水平研究型大学》，《北京日报》2020.10.16。

④ 北京工业大学官网学校简介部分。